> Caro Arthur,
> nosso muito obrigado
> por ajudar a divulgar
> a biodiversidade da planície
> alagável do alto rio Paraná

Aves
da planície alagável do alto rio Paraná

Editora da Universidade Estadual de Maringá

Reitor: *Prof. Dr. Décio Sperandio*
Vice-Reitor: *Prof. Dr. Mário Luiz Neves de Azevedo*
Diretor da Eduem: *Prof. Dr. Ivanor Nunes do Prado*
Editor-chefe da Eduem: *Prof. Dr. Alessandro de Lucca e Braccini*

CONSELHO EDITORIAL

Editor Associado: *Prof. Dr. Ulysses Cecato*

Vice-Editor Associado: *Prof. Dr. Luiz Antonio de Souza*

Editores Científicos: *Prof. Adson Cristiano Bozzi Ramatis Lima, Profa. Dra. Analete Regina Schelbauer, Prof. Dr. Antonio Ozai da Silva, Prof. Dr. Clóves Cabreira Jobim, Prof. Dr. Edson Carlos Romualdo, Prof. Dr. Eliezer Rodrigues de Souto, Prof. Dr. Evaristo Atêncio Paredes, Prof. Dr. João Fábio Bertonha, Profa. Dra. Maria Suely Pagliarini, Prof. Dr. Oswaldo Curty da Motta Lima, Prof. Dr. Reginaldo Benedito Dias, Prof. Dr. Ronald José Barth Pinto, Profa. Dra. Taqueco Teruya Uchimura, Profa. Dra. Terezinha Oliveira, Prof. Dr. Valdeni Soliani Franco.*

Divisão de Projeto Gráfico e Design	Marcos Kazuyoshi Sassaka
Fluxo Editorial	Edneire Franciscon Jacob, Maria José de Melo
Artes Gráficas	Vandresen, Mônica Tanamati Hundzinski, Vania Cristina Scomparin
	Luciano Wilian da Silva Marcos Roberto Andreussi
Divisão de Marketing	Marcos Cipriano da Silva
	Norberto Pereira da Silva, Paulo Bento da Silva, Solange Marly Oshima
Revisão de Língua Portuguesa	Profª. Msc. Edna Anita Lopes Soares
Revisão	Os autores, Maria Salete Ribelatto Arita
Capa	Jaime Luiz Lopes Pereira
Projeto Gráfico e Editoração	Jaime Luiz Lopes Pereira
Colaboração	Maria Salete Ribelatto Arita
	Jaime Luiz Lopes Pereira
Normalização	Biblioteca Setorial do Nupélia
	Maria Salete Ribelatto Arita
Fonte	Bookman, Monotype Corsiva, Book Antiqua
Impressão	Papel Cuchê 90g
Tiragem	3.000 exemplares

Márcio Rodrigo Gimenes
Edson Varga Lopes
Alan Loures-Ribeiro
Luciana Baza Mendonça
Luiz dos Anjos

Aves
da planície alagável do alto rio Paraná

Maringá
2007

Fotos da capa:
Aves (de cima para baixo): *Platalea ajaja, Chloroceryle amazona, Amazona aestiva, Butorides striata, Polytmus guainumbi, Rhea americana, Paroaria capitata, Heterospizias meridionalis* (© para os autores)

Paisagem: planície alagável do alto rio Paraná (© Claudia Costa Bonecker)

Fotos da contra capa: paisagens da planície alagável do alto rio Paraná (© Horácio Ferreira Júlio Júnior)

"Dados Internacionais de Catalogação-na-Publicação (CIP)"
(Biblioteca Setorial - UEM. Nupélia, Maringá, PR, Brasil)

A955	Aves da planície alagável do alto rio Paraná / Márcio Rodrigo Gimenes ... [et al.]. — Maringá : Eduem, 2007. 281 p. : il. color. Outros autores: Edson Varga Lopes, Alan Loures-Ribeiro, Luciana Baza Mendonça, Luiz dos Anjos Inclui índice remissivo de espécies e famílias Referências: p.[245]-250 ISBN 978-85-7628-091-0 (broch.) 1. Aves - Planície alagável - Alto rio Paraná. 2. Aves - Ecologia - Planície alagável - Alto rio Paraná. I. Gimenes, Márcio Rodrigo, 1975- . II. Lopes, Edson Varga, 1968- . III. Loures-Ribeiro, Alan, 1973- . IV. Mendonça, Luciana Baza, 1978- . V. Anjos, Luiz dos, 1961- . CDD 22. ed. -598.09816 NBR/CIP - 12899 AACR/2

Maria Salete Ribelatto Arita CRB 9/858
João Fábio Hildebrandt CRB 9/1140

Copyright © 2007 para os autores
Todos os direitos reservados. Proibida a reprodução, mesmo parcial, por qualquer processo mecânico, eletrônico, reprográfico, etc., sem a autorização, por escrito, dos autores.
Todos os direitos reservados desta edição © 2007 para Eduem.

ISBN 978-85-7628-091-0

Endereço para correspondência:
Eduem – Editora da Universidade Estadual de Maringá
Avenida Colombo, 5790 – Campus Universitário – 87020 – 900 –Maringá – Paraná – Brasil
Fone: (0XX44) 3261-4527/3261-4394 – Fax: (0XX44) 3261-4394
Site: http://www.eduem.uem.br – E-mail: eduem@uem.br

Universidade Estadual de Maringá - UEM
Núcleo de Pesquisas em Limnologia, Ictiologia e Aqüicultura – Nupélia

Diretora do Centro de Ciências Biológicas: Dra. Sonia Lucy Molinari. **Vice-Diretora do Centro de Ciências Biológicas:** Dra. Izabel de Fátima Andrian. **Coordenador Geral do Nupélia:** Dr. Horácio Ferreira Júlio Junior. **Vice-Coordenador Geral do Nupélia:** Dr. Samuel Veríssimo. **Coordenadora Administrativa do Nupélia:** Maria Claudia Zimmermann Callegari. **Coordenador Científico do Nupélia:** Dr. Luiz Carlos Gomes.

Patrocínio

Apoio

Autores das fotos

Copyright ©

© Edson Varga Lopes

Rhea americana; Rhynchotus rufescens; Amazonetta brasiliensis; Penelope superciliaris; Nycticorax nycticorax; Butorides striata; Ardea cocoi; Ardea alba; Theristicus caudatus; Jabiru mycteria; Cathartes aura; Cathartes burrovianus; Busarellus nigricollis; Rupornis magnirostris; Caracara plancus; Falco sparverius; Falco femoralis; Aramides cajanea; Vanellus chilensis; Himantopus melanurus; Columbina squammata; Zenaida auriculata; Aratinga leucophthalma; Forpus xanthopterygius; Amazona aestiva; Megascops choliba; Nyctibius griseus; Hylocharis chrysura; Ramphastos toco; Pteroglossus castanotis; Melanerpes flavifrons; Hypoedaleus guttatus; Taraba major; Pyriglena leucoptera; Lepidocolaptes angustirostris; Furnarius rufus; Poecilotriccus latirostris; Todirostrum cinereum; Fluvicola albiventer; Pitangus sulphuratus; Pachyramphus validus; Vireo olivaceus; Cyanocorax chrysops; Tachycineta albiventer; Tachycineta leucorrhoa; Progne tapera; Troglodytes musculus; Thryothorus leucotis; Turdus rufiventris; Turdus amaurochalinus; Mimus saturninus; Ramphocelus carbo; Thraupis palmarum; Zonotrichia capensis; Sicalis flaveola; Paroaria capitata; Parula pitiayumi; Icterus croconotus

© Luciana Baza Mendonça

Anhima cornuta; Platalea ajaja; Sarcoramphus papa; Gampsonyx swainsonii; Ictinia plumbea; Heterospizias meridionalis; Porzana albicollis; Primolius maracana; Pyrrhura frontalis; Crotophaga ani; Glaucidium brasilianum; Rhinoptynx clamator; Thalurania glaucopis; Galbula ruficauda; Picumnus albosquamatus; Colaptes melanochloros; Cranioleuca vulpina; Hylocryptus rectirostris; Elaenia spectabilis; Myiodynastes maculatus; Myiarchus tyrannulus; Pygochelidon cyanoleuca; Turdus leucomelas; Thraupis sayaca; Emberizoides herbicola

© Alan Loures-Ribeiro

Tigrisoma lineatum; Dendrocygna viduata; Ara chloropterus; Momotus momota; Podager nacunda; Phacellodomus ruber; Automolus leucophthalmus; Ammodramus humeralis

© Luiz dos Anjos

Polytmus guainumbi; Herpsilochmus longirostris; Formicivora rufa; Elaenia flavogaster; Gubernetes yetapa; Tityra inquisitor; Progne chalybea

© Arthur Grosset

Nothura maculosa; Cairina moschata; Porphyrio flavirostris; Gallinago paraguaiae; Jacana jacana; Columbina picui; Claravis pretiosa; Patagioenas cayennensis; Orthopsittaca manilata; Tapera naevia; Pulsatrix koeniswaldiana; Glaucidium minutissimum; Nyctidromus albicollis; Hydropsalis torquata; Streptoprocne zonaris; Tachornis squamata; Notharchus macrorynchos; Celeus flavescens; Dryocopus lineatus; Herpsilochmus rufimarginatus; Conopophaga lineata; Sittasomus griseicapillus; Dendrocolaptes platyrostris; Synallaxis frontalis; Hemitriccus margaritaceiventer; Myiopagis caniceps; Myiopagis viridicata; Elaenia chiriquensis; Serpophaga subcristata; Capsiempis flaveola; Myiophobus fasciatus; Cnemotriccus fuscatus; Legatus leucophaius; Myiozetetes similis; Conopias trivirgatus; Sirystes sibilator; Procnias nudicollis; Tityra cayana; Stelgidopteryx ruficollis; Nemosia pileata; Thlypopsis sordida; Dacnis cayana; Sporophila leucoptera; Sporophila bouvreuil; Sporophila angolensis; Saltator similis; Cacicus chrysopterus; Agelasticus cyanopus

© João Guilherme Sanders Quental

Crypturellus parvirostris; Crax fasciolata; Phalacrocorax brasilianus; Anhinga anhinga; Pilherodius pileatus; Egretta thula; Mesembrinibis cayennensis; Phimosus infuscatus; Herpetotheres cachinnans; Falco rufigularis; Aramus guarauna; Porphyrio martinica; Tringa flavipes; Tringa solitaria; Sternula superciliaris; Phaetusa simplex; Rynchops niger; Columbina minuta; Patagioenas picazuro; Leptotila rufaxilla; Chloroceryle amazona; Baryphthengus ruficapillus; Picumnus cirratus; Thamnophilus caerulescens; Thamnophilus ruficapillus; Dysithamnus mentalis; Xiphocolaptes albicollis; Leptopogon amaurocephalus; Camptostoma obsoletum; Tolmomyias sulphurescens; Xolmis velatus; Megarynchus pitangua; Campylorhynchus turdinus; Anthus lutescens; Cissopis leverianus; Tangara cayana; Sporophila caerulescens; Basileuterus culicivorus

© Jefferson Rodrigues de Oliveira e Silva

Bubulcus ibis; Pandion haliaetus; Rostrhamus sociabilis; Pardirallus nigricans; Cariama cristata; Leptotila verreauxi; Ara ararauna; Aratinga aurea; Tyto alba; Eupetomena macroura; Melanerpes candidus; Veniliornis passerinus; Campylorhamphus trochilirostris; Hirundinea ferruginea; Satrapa icterophrys; Arundinicola leucocephala; Empidonomus varius; Donacobius atricapilla; Sporophila lineola; Geothlypis aequinoctialis; Icterus cayanensis; Chrysomus ruficapillus; Molothrus oryzivorus; Carduelis magellanica

© James Faraco Amorim

Ciconia maguari; Elanoides forficatus; Circus buffoni; Buteo brachyurus; Milvago chimachima; Charadrius collares; Pionus maximiliani; Coccyzus melacoryphus; Athene cunicularia; Anthracothorax nigricollis; Chlorostilbon lucidus; Trogon surrucura; Nystalus chacuru; Campephilus robustus; Pyrocephalus rubinus; Myiarchus swainsoni; Cyclarhis gujanensis; Tersina viridis; Gnorimopsar chopi; Amblyramphus holosericeus; Pseudoleistes guirahuro; Molothrus bonariensis; Sturnella superciliaris

© Guilherme Alves Serpa

Aramides saracura; Gallinula chloropus; Piaya cayana; Crotophaga major; Florisuga fusca; Colaptes campestris; Colonia colonus; Tyrannus melancholicus; Tyrannus savana; Conirostrum speciosum; Sporophila collaris; Coryphospingus cucullatus; Cacicus haemorrhous; Euphonia violacea; Passer domesticus

© Pedro Sant'Ana Jardim

Dendrocygna autumnalis; Syrigma sibilatrix; Mycteria americana; Coragyps atratus; Buteogallus urubitinga; Guira guira; Ceryle torquatus; Machetornis rixosa; Volatinia jacarina

© Ciro Albano

Caprimulgus rufus; Caprimulgus parvulus; Phaethornis pretrei; Synallaxis ruficapilla; Euscarthmus meloryphos; Pipra fasciicauda; Pachyramphus polychopterus; Hirundo rustica

© **José Augusto Alves**
Geranospiza caerulescens; Columbina talpacoti; Brotogeris chiriri; Thamnophilus doliatus; Lathrotriccus euleri; Myiarchus ferox; Hemithraupis guira; Euphonia chlorotica

© **Arthur Macarrão Montanhini**
Harpyhaliaetus coronatus; Elaenia mesoleuca

© **Gregory Thom e Silva**
Lurocalis semitorquatus; Trogon rufus

© **Ronaldo Cesar Ferreira**
Certhiaxis cinnamomeus; Myiornis auricularis.

© **André Magnani Xavier de Lima**
Geotrygon montana

© **Eduardo Assis Fonseca**
Griseotyrannus aurantioatrocristatus

© **Eduardo Koehler**
Crypturellus tataupa

© **Fabiano Ficagna de Oliveira**
Heliornis fulica; Arremon flavirostris.

© **Fernando Augusto Tambelini Tizianel**
Casiornis rufus; Molothrus rufoaxillaris

© **João Dirço Latini**
Chloroceryle americana

© **Jorge Bañuelos Irusta**
Calidris fuscicollis

© **Juan J. Culasso**
Elaenia parvirostris

© **Luciano Bonatti Regalado**
Elanus leucurus

Agradecimentos

Esta publicação foi viabilizada pelo Instituto Ambiental do Paraná (IAP) e Universidade Estadual de Maringá; agradecemos especialmente ao Prof. Dr. João Batista Campos. Outros dois grandes colaboradores da obra foram Maria Salete Ribelatto Arita, responsável pela normalização, revisão crítica da obra, além do grande incentivo e Jaime Luiz Lopes Pereira, que realizou a editoração eletrônica e o projeto gráfico do livro.

Agradecemos ao Programa de Pós-Graduação em Ecologia de Ambientes Aquáticos Continentais da Universidade Estadual de Maringá (PEA-UEM). Foi durante o período de desenvolvimento de nossos trabalhos de mestrado e/ou doutorado neste programa, que nos dedicamos ao estudo das aves na planície alagável do alto rio Paraná. Agradecemos ao Conselho Nacional de Desenvolvimento Científico e Tecnológico (CNPq), e à Coordenação de Aperfeiçoamento de Pessoal de Nível Superior (CAPES) pelas bolsas de mestrado e/ou doutorado concedidas para A. Loures-Ribeiro, E.V. Lopes, L. B. Mendonça e M.R. Gimenes. L. dos Anjos agradece pela bolsa produtividade em pesquisa do CNPq.

Os autores sentem-se honrados em participar do projeto "A Planície de Inundação do Alto Rio Paraná: Estrutura e Processos Ambientais", que integra o Programa de Ecologia de Longa Duração (PELD – *Site* 6; CNPq). Recursos financeiros para a realização dos trabalhos de campo foram obtidos deste projeto. Agradecemos ao Núcleo de Pesquisas em Limnologia, Ictiologia e Aqüicultura (Nupélia) e, em especial, ao Prof. Dr. Ângelo Antônio Agostinho, que, desde o início, acreditou e incentivou nosso trabalho.

Para a realização dos trabalhos de campo, contamos com apoio logístico de diversas pessoas e instituições, aos quais somos muito gratos. A base avançada de pesquisas da UEM em Porto Rico (PR) foi utilizada com freqüência durante as amostragens. Agradecemos sinceramente a todos que fizeram parte de nossa equipe de campo, em especial aos nossos companheiros na observação das aves e sempre atentos marinheiros: Sebastião Rodrigues e Alfredo Soares, pelo valoroso auxílio e amizade. Edson Santana contribuiu de forma fundamental nas expedições de reconhecimento da área de estudo na margem paranaense e Fernando de Lima Fávaro auxiliou nas amostragens de campo durante a expedição de 24/10 e 05/11 de 2003. O Instituto de Meio Ambiente de Mato Grosso do Sul autorizou a pesquisa no Parque Estadual das Várzeas do Rio Ivinhema e nos forneceu suporte de campo sempre que precisamos. Não menos importante foi o apoio que recebemos dos proprietários e funcionários de fazendas da região (Fazenda Santa Francisca e Fazenda Bello III, Querência do Norte, PR; Fazenda Divina Pastora, Porto Rico, PR; e fazenda Bandeirantes, Taquarussu, MS), os quais foram muito prestativos, permitindo a observação das aves em suas propriedades e freqüentemente nos fornecendo hospedagem. O Centro Universitário do Leste de Minas Gerais (UnilesteMG) permitiu a presença do autor A. Loures-Ribeiro na expedição de 2003.

Imprescindível para elevar a qualidade da obra foi a participação de nossos colaboradores, que gentilmente permitiram o uso de suas fotos de aves no livro, recebendo em troca apenas nossa sincera amizade. Esperamos realmente que estes se sintam representados na presente obra e que a julguem merecedora de suas contribuições. Assim, apresentamos em ordem alfabética nossos fotógrafos colaboradores: André Lima, Arthur Grosset, Arthur Macarrão Montanhini, Ciro Albano, Eduardo Assim Fonseca, Eduardo Koehler, Fabiano Ficagna de Oliveira, Fernando Augusto Tambelini Tizianel, Gregory Thom e Silva, Guilherme Alves Serpa, James Faraco Amorim, Jefferson Rodrigues de Oliveira e Silva, João Guilherme Sanders Quental, João Dirço Latini, Jorge Bañuelos Irusta, José Augusto Alves, Juan J. Culasso, Luciano Bonatti Regalado, Pedro Sant'Ana Jardim, Ronaldo Cesar Ferreira.

OS AUTORES

Apresentação

Esta obra apresenta informações sobre a avifauna do último trecho significativo livre de reservatórios de hidroelétricas no rio Paraná, a "Planície Alagável do Alto Rio Paraná", na divisa entre os Estados do Paraná e Mato Grosso do Sul. Em função da importância da área para a conservação da biodiversidade regional, durante a década de 1990, ela foi incluída no Sistema Nacional de Unidades de Conservação em duas categorias, originando a Área de Proteção Ambiental das Ilhas e Várzeas do Rio Paraná e o Parque Estadual das Várzeas do Rio Ivinhema.

São apresentados, aqui, registros de ocorrência das espécies de aves em diferentes locais da planície, cuja área foi dividida em três subsistemas: as regiões dos rios Paraná, Ivinhema e Baía. O leitor poderá obter informações sobre o tipo de hábitat freqüentemente utilizado por cada espécie na planície e alguns aspectos de sua biologia, tais como: tamanho; massa corpórea; hábitos alimentares e outras particularidades relevantes. Os textos foram redigidos de forma acessível, buscando apresentar informações científicas a um público heterogêneo, desde crianças a adultos, incluindo alunos interessados nas Ciências Naturais, ou mesmo profissionais da Ornitologia (ciência que trata do estudo das aves). Fotos são apresentadas para a vasta maioria das espécies, de modo a auxiliar na sua identificação, embora a presente obra não se trate de um guia de identificação de aves em campo.

A realização desta obra se fez possível devido ao apoio financeiro do Programa de Ecologia de Longa Duração (Projeto "A Planície de Inundação do Alto Rio Paraná: Estrutura e Processos Ambientais", PELD – *Site* 6), do CNPq, do Programa de Pós-Graduação em Ecologia de Ambientes Aquáticos Continentais da Universidade Estadual de Maringá (PEA-UEM) e do Instituto Ambiental do Paraná (IAP). A infra-estrutura de campo foi fornecida pelo Nupélia/UEM, pelo Parque Estadual das Várzeas do rio Ivinhema e pelos proprietários rurais, os quais gentilmente nos acolheram.

OS AUTORES

Sumário

1 Introdução 1
2 Área abrangida no levantamento 5
3 Registro das aves em campo 9
4 Resultados do levantamento 13
5 Alguns grupos de aves encontrados na Planície 15
    Patos e marrecas 15
    Biguá e biguatinga 16
    Garças e socós 18
    Cegonhas e colhereiro 20
    Urubus 22
    Gaviões, falcões e corujas 24
    Trinta-réis e talha-mar 28
    Pombas, rolinhas e juritis 30
    Araras, papagaios e periquitos 32
    Beija-flores 33
    Martins-pescadores 35
    Tucanos e araçaris 36
    Pica-paus 38
    Bem-te-vis 41
    Andorinhas 43
    Sanhaços e saíras 45
    Papa-capins 47
    Chopins, guaxes, graúnas e afins 49
6 Espécies registradas 53
Referências .... [245]
Apêndice A 251
Apêndice B 257
Índice remissivo de espécies e famílias 267

1 INTRODUÇÃO

O rio Paraná, principal rio da bacia do *Plata*, é o décimo maior do mundo em descarga e o quarto em área de drenagem ($5,0 \times 10^8$ m^3/ano; $2,8 \times 10^6$ km^2, respectivamente), drenando todo o centro-sul da América do Sul, desde as encostas dos Andes até a Serra do Mar, na costa atlântica (AGOSTINHO; VAZZOLER; THOMAZ, 1995). Da sua nascente, no planalto central, até a foz no estuário do *Plata*, percorre 4695 km. Seu trecho superior (rio Paranaíba - 1070 km), alto (da confluência dos rios Paranaíba e Grande até os antigos saltos de Sete Quedas - 619 km) e parte do médio (saltos de Sete Quedas até a foz do rio Iguaçu - 190 km) situam-se em território brasileiro (PAIVA, 1982). A barreira geográfica que antes delimitava os segmentos alto e médio do rio Paraná, os saltos de Sete Quedas, atualmente encontra-se submersa no reservatório de Itaipu (AGOSTINHO; ZALEWSKI, 1996).

Após a construção do reservatório da Usina Hidrelétrica de Porto Primavera, na divisa entre os estados de São Paulo e Mato Grosso do Sul, o trecho a jusante deste (cerca de 230 km), desde a foz do rio Paranapanema até o município de Guaíra (PR), representa o último segmento significativo do rio Paraná em território brasileiro que permanece livre de barragens. Neste trecho, o alto rio Paraná apresenta um amplo canal anastomosado (*braided*), com reduzida declividade (0,09 m/km), ora com extensa planície alagável e grande acúmulo de sedimento em seu leito, originando barras e ilhas pequenas (mais de trezentas), ora com ilhas grandes e planície alagável mais restrita (AGOSTINHO; JÚLIO JÚNIOR; PETRERE JUNIOR, 1994). O relevo da região é marcado por clara assimetria entre as duas margens do rio. A margem esquerda (Estado do Paraná) é formada por paredões com rocha exposta, com razoável elevação do terreno em relação ao leito do rio, tornando bastante restritas as áreas alagáveis. Este fato contribuiu para que a vegetação original fosse composta principalmente por florestas, as quais se encontram hoje praticamente dizimadas e o terreno convertido em pastagens. A margem direita (Mato Grosso do Sul) apresenta baixa elevação do terreno, contribuindo para a existência de uma ampla planície alagável que chega a 20 km de largura, onde se encontram numerosos canais secundários, lagoas e rios, como o Baía e o Ivinhema (SOUZA FILHO; STEVAUX, 1997) (Figura 1).

Figura 1 - Margem esquerda do alto rio Paraná (a); Vista aérea da planície alagável na margem direita do alto rio Paraná, com destaque para o rio Ivinhema (b).

O desmatamento, as queimadas, a criação de gado, a extração da pfáffia ou ginsen-brasileiro (*Pfaffia iresinoides*), a extração de areia, a caça, a pesca predatória e a navegação são importantes formas de perturbação atuantes na região

(AGOSTINHO; ZALEWSKI, 1996). Porém, a mais drástica forma de impacto humano na planície é a alteração do regime natural de cheias do rio Paraná, devido à ação das barragens a montante, muito embora o pulso de inundação continue sendo a principal função de força que atua sobre os organismos e processos locais (THOMAZ; ROBERTO; BINI, 1997). O estado de conservação das condições originais é espacialmente heterogêneo. As áreas próximas às cidades encontram-se mais alteradas e as mais distantes, como a região da foz do rio Ivinhema, mantém condições ambientais próximas às naturais (AGOSTINHO, 1997). Apesar de todas essas formas de impacto, de acordo com os critérios de Welcomme (1979) para a determinação dos estágios de modificação de rios de planícies alagáveis, a região em questão pode ser classificada como "levemente modificada", com áreas mais restritas "não modificadas".

A área apresenta boa representatividade da fauna original e continua tendo papel fundamental na manutenção da diversidade biológica regional (AGOSTINHO, 1997), o que justificou a implementação das unidades de conservação na região (ver Apresentação). Entretanto, a fauna de vertebrados terrestres ainda é pouco estudada, em comparação aos organismos aquáticos, relativamente mais pesquisados na planície. Levantamentos de curto período foram realizados como parte do diagnóstico ambiental para a construção da Usina Hidrelétrica de Porto Primavera, nos quais se registrou 60 espécies de mamíferos, 37 de répteis, 22 de anfíbios e 298 de aves (THEMAG ENGENHARIA E GERENCIAMENTO (THEMAG); ENGEA AVALIAÇÕES, ESTUDO DO PATRIMONIO E ENGENHARIA (ENGEA), 1994).

Os primeiros levantamentos ornitológicos na região datam do início do século XX, e foram conduzidos por naturalistas que se aventuraram pelo extremo noroeste paranaense e porções adjacentes do Mato Grosso do Sul, destacando-se a clássica obra de Sztolcman (1926) e o estudo de Pinto e Camargo (1956). Posteriormente, outros estudos foram conduzidos na região (ANJOS; SEGER, 1988; STRAUBE; BORNSCHEIN, 1991), além de alguns trabalhos que fizeram coletâneas das informações pré-existentes sobre a composição da avifauna da área (STRAUBE, 1988; STRAUBE; BORNSCHEIN, 1989, 1995; STRAUBE; BORNSCHEIN; SCHERER-NETO, 1996). Contudo, todos os estudos até então citados foram realizados antes da grande perda de hábitat provocada pela criação do lago da Usina Hidrelétrica de Porto Primavera. Assim, este livro traz o primeiro levantamento expressivo de aves na região após o alagamento para a construção desta usina.

Apresentamos, aqui, registros das espécies de aves encontradas na planície alagável do alto rio Paraná, contendo informações sobre a região dos registros, hábitats utilizados e dados da biologia de cada espécie. São também apresentados textos sobre alguns grupos de aves facilmente observados e reconhecidos pelos moradores da região. A obra inclui, ainda, dois apêndices das espécies que potencialmente poderiam ocorrer na área, mas que não foram registradas em campo pelos autores.

2 ÁREA ABRANGIDA NO LEVANTAMENTO

O trecho do alto rio Paraná abrangido nesta obra corresponde ao segmento entre o lago da Usina Hidrelétrica de Porto Primavera e a foz superior do rio Ivinhema. Na margem direita do rio Paraná, o levantamento abrangeu a planície alagável na região do Parque Estadual das Várzeas do Rio Ivinhema e a região do rio Baía (22°32'S a 22°59'S e 53°08'W a 53°40'W) (Figura 2). Na margem esquerda do rio, foram abrangidos remanescentes florestais próximos à margem (distância máxima da margem igual a 6 km).

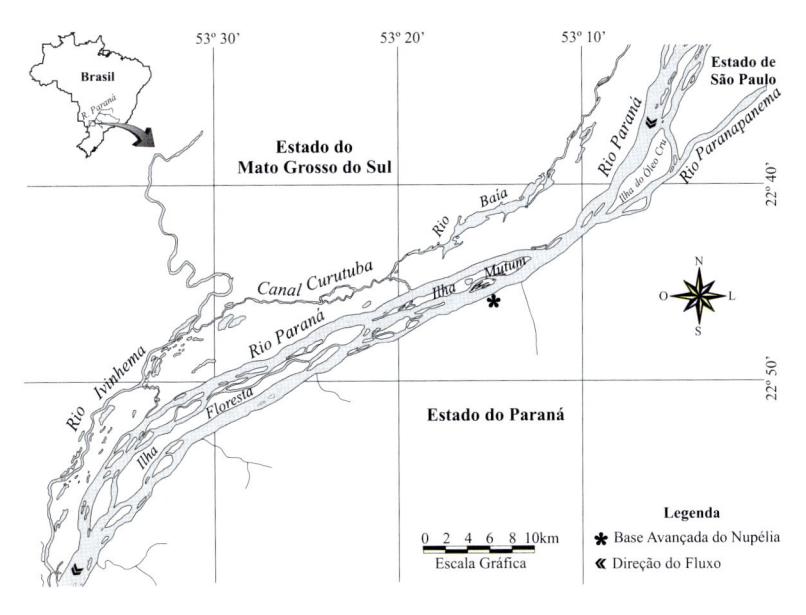

Figura 2 - Mapa do trecho da planície alagável do alto rio Paraná abrangido nesta obra.

A área situa-se a altitudes de cerca de 230 a 335 m (MAACK, 1981). O clima da região, de acordo com o sistema de Köeppen, é classificado como Cfa (clima tropical-subtropical), com temperatura média anual de 22°C (média no verão de 26°C e no inverno de 19°C) e precipitação média anual de 1500 mm (CENTRAIS ELÉTRICAS DO SUL DO BRASIL (ELETROSUL), 1986). O solo é constituído por sedimentos argilosos, originários de antigas planícies de inundação, por sedimentos argilo-arenosos que constituem diques marginais e por areias depositadas pelo canal fluvial. O sedimento de fundo dos diversos corpos d'água varia de arenoso com cascalho a argiloso com acúmulo de matéria orgânica (STEVAUX; SOUZA FILHO; JABUR, 1997).

A área encontra-se dentro da região fitoecológica da Floresta Estacional Semidecídua (limite oeste da Mata Atlântica), tendo sido registradas 652 espécies vegetais até o momento, algumas típicas dos domínios do Cerrado e do Chaco (SOUZA; KITA, 2002). Atualmente, as formações florestais limitam-se a fragmentos próximos às margens do rio Paraná, sobre as ilhas e dispersos em áreas mais secas na planície, além da floresta ciliar que forma cordões ao longo das margens dos diversos corpos d'água da planície (CAMPOS; SOUZA, 1997). Entre as espécies arbóreas mais comuns nestas florestas estão: figueira-branca (*Ficus obtosiuscula*), angico (*Anadenanthera macrocarpa*), imbira (*Lonchocarpus guilleminianus*), leiteiro (*Peschiera australis*), carrapateiro (*Sloanea garckeana*), embaúba (*Cecropia pachystachya*), sangra d'água (*Croton urucurana*), ingá (*Inga vera*) e o formigueiro (*Triplaris americana*).

As áreas normalmente secas e desprovidas de florestas são caracterizadas pelos campos abertos, naturais ou criados por ação antrópica, onde predominam espécies herbáceas como as braquiárias (*Brachiaria* sp), carrapicho (*Cenchrus echinatus*) e o capim-vassoura (*Andropogon* sp). Ali é comum desenvolver-se também zonas de vegetação arbustiva,

Área abrangida no levantamento

representadas pela maria-preta (*Cordia monosperma*), erva-de-rato (*Palicourea crocea*) e limãozinho (*Randia hebecarpa*), entre outros. Nas áreas sazonalmente alagadas ocorre a vegetação de várzea, onde ocorrem o capim-santa-fé (*Panicum prionitis*), capim-do-brejo (*Paspalum conspersum*), junco (*Eleocharis* sp) e falso-alecrim-da-praia (*Fimbristylis autumnalis*). Macrófitas aquáticas flutuantes livres (aguapé, *Eichhornia crassipes*; salvínia, *Salvinia auriculata*), enraizadas (aguapé, *Eichhornia azurea*; erva-de-bicho, *Polygonum acuminatum*) e submersas (utriculária, *Utricullaria* sp; cabomba, *Cabomba* sp) fazem parte da vegetação dos corpos d'água e terrenos permanentemente alagados (SOUZA; CISLINSKI; ROMAGNOLO, 1997).

3 REGISTRO DAS AVES EM CAMPO

A relação de espécies de aves apresentada nesta obra está baseada em estudos cujas amostragens de campo foram conduzidas na planície alagável do alto rio Paraná entre os anos de 1999 e 2003 (GIMENES; ANJOS, 2004a, 2004b, 2006; LOURES-RIBEIRO; ANJOS, 2004a, 2004b, 2006; MENDONÇA; GIMENES; ANJOS, 2004; MENDONÇA; ANJOS, 2006). Além destes, expedições no trecho do alto rio Paraná abrangido neste estudo foram realizadas pelos autores desta obra entre 24/10 e 05/11 de 2003, entre 17 e 22/09 de 2005 e entre 22/08 e 11/12 de 2006. Durante as expedições, o levantamento da avifauna foi realizado principalmente de barco, que percorria lentamente os diversos corpos d'água da região. Também foram amostradas várias áreas terrestres, inclusive ilhas e fragmentos florestais próximos ao rio Paraná, nos municípios de Porto Rico e Querência do Norte (PR) e próximos ao rio Ivinhema, no município de Taquarussu (MS).

Convencionou-se dividir a planície em três subsistemas: (1) Paraná, abrangendo as margens e ilhas do rio Paraná; (2) Baía, o menor dos trechos estudados, correspondendo à região do rio Baía e (3) Ivinhema, incluindo a região do Parque Estadual das Várzeas do Rio Ivinhema (Figura 2, p5). Para cada espécie de ave foi indicado o subsistema onde esta foi registrada, seu hábitat característico na área de estudo (interior de florestas, bordas de florestas, zonas arbustivas, áreas abertas naturais ou antropizadas, várzeas e ambientes aquáticos), tamanho, massa corpórea e alimentação. Ressalta-se que o fato de uma dada espécie não ser citada para um destes subsistemas não significa que ela não ocorra ali. Em relação ao tamanho e massa corpórea, foram apresentados os menores e maiores valores encontrados na literatura, sem distinguir entre machos, fêmeas, adultos e imaturos. Para algumas espécies, não foram encontrados, na literatura, os valores de massa corpórea. Os dados apresentados neste livro sobre alimentação são baseados na literatura e em observações de campo e podem, em alguns casos, não representar toda a variedade de itens alimentares consumidos por uma dada espécie.

A lista de aves atualmente registrada foi complementada com aquelas dos levantamentos precedentes à implementação da Usina Hidrelétrica de Porto Primavera (THEMAG; ENGEA, 1994; STRAUBE; BORNSCHEIN; SCHERER-NETO, 1996). Dessa forma, no final do livro, é apresentado um apêndice com as espécies de aves registradas anteriormente na planície alagável do alto rio Paraná (da foz superior do rio Ivinhema à área alagada em Porto Primavera), mas cuja presença atual na região não foi confirmada (APÊNDICE A). Um segundo apêndice (APÊNDICE B) apresenta uma lista de espécies de aves registradas em localidades adjacentes à região enfocada neste estudo (WILLIS; ONIKI, 1981; CONSÓRCIO INTERMUNICIPAL PARA CONSERVAÇÃO DO REMANESCENTE DO RIO PARANÁ E ÁREAS DE INFLUÊNCIA (CORIPA), 1996; STRAUBE; BORNSCHEIN; SCHERER-NETO, 1996; INSTITUTO AMBIENTAL DO PARANÁ, 1997; VASCONCELOS; ROOS, 2000). Entre estas localidades adjacentes destacam-se a Estação Ecológica do Caiuá, o Parque Nacional de Ilha Grande (PR) e o Parque Estadual do Morro do Diabo (SP). Embora estas espécies não tenham ainda sido registradas na planície alagável do alto rio Paraná, várias delas podem, potencialmente, ocorrer nesta área.

A taxonomia e os nomes científicos e populares em português seguem o Comitê Brasileiro de Registros Ornitológicos (CBRO) (2006). Em alguns casos, foram incluídos, também, nomes populares regionais. Os nomes populares em inglês seguiram Remsen, Cadena, Jaramillo,

Nores, Pacheco, Robbins, Schulenberg, Stiles, Stotz e Zimmer (2005). As informações sobre a biologia de cada espécie foram obtidas através das observações em campo e de dados publicados na literatura (DE SCHAUENSEE, 1982; RIDGELY; TUDOR, 1989, 1994; DEL HOYO; ELLIOTT; SARGATAL, 1992-2005; SICK, 1997; NAROSKY; YZURIETA, 1993; PEÑA; RUMBOLL, 2001; ANJOS, 2002; ANTAS; PALO JUNIOR, 2004; DEVELEY; ENDRIGO, 2004; SOUZA, c2004).

4 RESULTADOS DO LEVANTAMENTO

Foram registradas 295 espécies de aves na planície alagável do alto rio Paraná. A floresta foi o ambiente com maior riqueza de espécies, sobretudo a mata ciliar, cuja interface com o meio aquático representa um ecótono rico em recursos para grande número de espécies de aves.

Das 295 espécies, 47, até então, não haviam sido registradas no trecho da planície estudado e dentre estas, 10 não haviam sido registradas nem em áreas adjacentes ao trecho estudado. Destaca-se entre as espécies registradas a **águia-cinzenta** (*Harpyhaliaetus coronatus*), presente na Lista Nacional das Espécies da Fauna Brasileira Ameaçadas de Extinção de 2005, publicada pelo IBAMA e Ministério do Meio Ambiente. Destacam-se também a **maracanã-do-buriti** (*Orthopsittaca manilata*), o **joão-pinto** (*Icterus croconotus*) e a **tesourinha** ou **andorinhão-do-buriti** (*Tachornis squamata*), cujas ocorrências não constam para o território paranaense (SCHERER-NETO; STRAUBE, 1995) e o registro nesta área marginal abre uma possibilidade de ocorrência.

Por outro lado, outras 78 espécies (APÊNDICE A) registradas em levantamentos precedentes no trecho estudado e na área que seria alagada em Porto Primavera (THEMAG; ENGEA, 1994; STRAUBE; BORNSCHEIN; SCHERER-NETO, 1996) não foram agora observadas. Vários fatores podem ter contribuído para esta diferença na lista de espécies em relação aos levantamentos precedentes, os mais óbvios, foram o intenso processo de desmatamento na região e a grande perda de hábitat devido à formação do lago da referida usina hidrelétrica. Associado ao barramento do rio, ocorreu uma notória alteração no regime natural de cheia-seca no trecho estudado, o que pode ter proporcionado efeitos negativos sobre parte da comunidade de aves.

Outro aspecto a ser considerado é a grande variedade de hábitats e microhábitats na região, o que leva várias espécies de aves a apresentarem uma distribuição em manchas na planície, característica perceptível quando é percorrida uma grande extensão desta área. Da mesma forma, esta variedade de hábitats pode ter contribuído para que algumas das espécies aqui apresentadas não tenham sido registradas nos levantamentos anteriores à construção da barragem de Porto Primavera. Ressalta-se ainda a influência que diferentes esforços de amostragem podem ter no número de espécies registradas numa determinada área.

No APÊNDICE B, constam outras 118 espécies observadas em levantamentos anteriores realizados em áreas adjacentes ao trecho estudado (WILLIS; ONIKI, 1981; CONSÓRCIO INTERMUNICIPAL PARA CONSERVAÇÃO DO REMANESCENTE DO RIO PARANÁ E ÁREAS DE INFLUÊNCIA (CORIPA), 1996; STRAUBE; BORNSCHEIN; SCHERER-NETO, 1996; INSTITUTO AMBIENTAL DO PARANÁ, 1997; VASCONCELOS; ROOS, 2000); é possível que várias delas também ocorram na planície alagável do rio Paraná.

É importante salientar que, apesar de grande, o esforço empregado até o momento no estudo das aves na planície alagável do alto rio Paraná não foi suficiente para o conhecimento de toda a avifauna local. Assim, a possibilidade de ocorrência de diversas outras espécies, bem como a ausência de dados populacionais padronizados, deve estimular a realização de novos estudos na região, abrangendo um maior número de localidades na planície e a análise qualitativa e quantitativa da avifauna em diferentes hábitats e épocas do ano.

5 ALGUNS GRUPOS DE AVES ENCONTRADOS NA PLANÍCIE

PATOS E MARRECAS

Os patos e as marrecas são aves da família Anatidae com estreita ligação aos ambientes aquáticos. Apresentam pernas curtas e são palmípedes, isto é, têm os dedos dos pés unidos por uma membrana natatória, características que os tornam bons nadadores. Em algumas espécies ocorrem diferenças entre machos e fêmeas na cor da plumagem e no tamanho como, por exemplo, no **pato-do-mato** (*Cairina moschata*), em que o macho tem quase o dobro do tamanho da fêmea. São excelentes voadores e todas as espécies que ocorrem na planície realizam movimentos migratórios, principalmente em função de variações no nível hidrométrico em seus hábitats. Tais variações no nível da água influem na disponibilidade de alimento. Durante o período de muda das penas, os Anatidae têm sua capacidade de vôo bastante reduzida, se tornando muito vulneráveis à predação. Em razão disso, nesta época geralmente permanecem ocultos na vegetação. Os bicos são largos e apresentam lâminas transversais que, associadas à língua grossa e muito sensível, constituem um aparelho próprio para filtrar o alimento na água ou no substrato. Alimentam-se de pequenas sementes, folhas, vermes, larvas de insetos e pequenos crustáceos.

Nos períodos de baixo nível hidrométrico na planície alagável do alto rio Paraná é comum observar bandos de dezenas e até centenas de indivíduos de **irerê** (*Dendrocygna viduata*) e **asa-branca** (ou **marreca-cabocla**; *Dendrocygna autumnalis*). Estas espécies, embora possuam a tendência em se manterem separadas, muitas vezes podem ser vistas forrageando próximas. Estes bandos costumam concentrar-se nas lagoas adjacentes ao rio Ivinhema e principalmente ao rio Baía. As duas espécies são mais ativas no crepúsculo e à noite.

Quando alarmado, o **irerê** assume uma postura ereta, estendendo o pescoço em observação e solta um assobio de três notas, de onde vem seu nome. Em seguida, o bando tende a levantar vôo e bater em retirada. Esta espécie nidifica no solo, no meio da vegetação das áreas alagáveis.

A **asa-branca**, por sua vez, constrói seu ninho em ocos de árvores, situados até cerca de 15 m de altura. Quando nascem, os filhotes escalam a parede interna do ninho e lançam-se ao solo, onde os pais os estão chamando. Em seguida, dirigem-se para um corpo d'água próximo.

Menos abundantes na região são o **pé-vermelho** (*Amazonetta brasiliensis*) e o **pato-do-mato**. Ambas as espécies costumam ser registradas aos casais ou em pequenos grupos. O **pé-vermelho** normalmente é registrado em pequenas lagoas com vegetação baixa e densa. Seus ninhos são feitos no chão, próximos à água, escondidos entre a vegetação. A fêmea forra o ninho com penas do peito e cobre os ovos com folhas secas quando sai. O macho defende o território próximo ao ninho, mesmo depois do nascimento dos filhotes.

O **pato-do-mato** costuma ser registrado em corpos d'água circundados por florestas, onde dormem empoleirados em árvores altas. Os ninhos são feitos em ocos de árvores, normalmente próximos às margens dos corpos d'água. Como a **asa-branca**, os filhotes do **pato-do-mato**, chamados pela mãe, pulam do ninho assim que nascem e a seguem até a água. Desta espécie descende o pato doméstico sulamericano, cuja plumagem tem maior proporção de branco do que os indivíduos selvagens, quase totalmente negros.

BIGUÁ E BIGUATINGA

O **biguá** (*Phalacrocorax brasilianus*) e o **biguatinga** (*Anhinga anhinga*) pertencem às famílias Phalacrocoracidae e Anhingidae, respectivamente, sendo que ambos têm suas vidas intimamente associadas aos ambientes aquáticos. O

Alguns grupos de aves encontrados na Planície

biguá tem bico estreito e adunco, plumagem inteiramente preta (o juvenil é pardo) e pescoço mais curto e robusto do que o **biguatinga**. Este, por sua vez, tem o pescoço fino e muito longo. O bico também é longo, além de pontiagudo e serrilhado, sendo por vezes utilizado como um arpão na captura de peixes. O macho apresenta plumagem negra, com notável desenho branco na face superior das asas, enquanto a fêmea tem pescoço e peito pardacentos claros.

As duas espécies são excelentes mergulhadoras, adentrando a grandes profundidades quando estão perseguindo suas presas, quase que exclusivamente peixes. Para capturá-los, realizam diversos movimentos de ziguezague e reviravoltas debaixo da água e em seguida levam-no à superfície, quando acomodam o peixe no bico e o engolem a partir da cabeça, a favor da direção das escamas e nadadeiras. A plumagem das duas espécies é permeável, o que reduz a flutuação e facilita o mergulho. Porém, essa característica faz necessário que, quando as aves voltem à terra, permaneçam algum tempo imóveis e com as asas abertas, para secá-las. Por isso, é comum vê-las pousadas nas margens dos rios apresentando este comportamento, o qual tem também função termorreguladora.

Na planície alagável do alto rio Paraná, o **biguá** pode ser observado nos mais diversos corpos d'água, sendo muito abundante, podendo pescar sozinho ou coletivamente. Porém, parece preferir os grandes corpos d'água, principalmente o rio Paraná, onde é comum se registrar bandos de dezenas ou até mais de uma centena de indivíduos nadando no meio do rio ou sobrevoando a região. É sabido que esses bandos praticam pesca coletiva, organizando-se de uma maneira que dificulta a fuga dos peixes, sendo possível verificar que, em um dado momento, os indivíduos mergulham simultaneamente atrás das presas. Quando ameaçado, o **biguá** às vezes mergulha, mas normalmente tende a fugir voando. Se estiver nadando, até conseguir ganhar impulso para levantar vôo, decola rasante batendo com os pés e as asas na superfície da água.

O **biguatinga** pesca solitariamente e costuma preferir corpos d'água menores e com bastante vegetação circundante. Normalmente, fica pousado em galhos baixos na margem da água, capturando presas dali mesmo ou projetando-se para dentro desta atrás de algum peixe. Quando ameaçado, quase invariavelmente mergulha na água e fica longos períodos submerso, emergindo apenas a cabeça e parte do pescoço, mas longe do local de mergulho. Não é comum vê-lo voando grandes distâncias.

As duas espécies constroem seus ninhos sobre árvores, em ninhais coletivos, às vezes junto com algumas espécies de Ciconiiformes, como, por exemplo, garça-moura (*Ardea cocoi*) e socó-dorminhoco (*Nycticorax nycticorax*).

GARÇAS E SOCÓS

As garças e os socós são aves da família Ardeidae. Caracterizam-se pelo fato de a maior parte de seus representantes ter estreita ligação com os ambientes aquáticos, sobretudo os de água doce. Têm aparência bastante elegante, com pernas compridas, bico longo e reto, plumagem sedosa e pescoço longo e fino, em forma de "S" durante o vôo. Apresentam grande variação na cor da plumagem e no tamanho; enquanto o **socozinho**, *Butorides striata*, mede cerca de 40 cm, a **garça-moura**, *Ardea cocoi*, pode chegar a 125 cm. Os socós, normalmente, têm as pernas mais curtas e o pescoço mais grosso do que as garças, além de alguns deles apresentarem hábitos noturnos. Machos e fêmeas são parecidos, mas em algumas espécies a plumagem dos jovens é bastante diferente da dos adultos, como no caso do **socó-boi** (*Tigrisoma lineatum*). No período reprodutivo, a plumagem e as partes nuas tornam-se mais vistosas, fato bem visível na **garça-branca-pequena** (*Egretta thula*), em que

Alguns grupos de aves encontrados na Planície

desenvolvem-se as "egretas", que são penas de adorno do dorso que se recurvam sobre as costas.

Todas as espécies consomem alimentos de origem animal, na maioria dos casos organismos aquáticos vivos, principalmente peixes. Na planície alagável do alto rio Paraná, a maior parte das espécies são observadas pescando muito mais freqüentemente nos ambientes de águas lênticas, ou seja, lagoas e vegetação alagada circundante. Contudo, as espécies variam em relação ao método de pesca e aos microhábitats escolhidos para procurar alimento.

Nos trechos mais rasos e sem vegetação aquática, a **garça-branca-pequena** é a espécie mais comum no período da seca, quando costuma formar grandes agregações junto com outras aves, como o cabeça-seca, o colhereiro e **garças-brancas-grandes** (*Ardea alba*). Diferente da maioria das garças, a **garça-branca-pequena** não costuma ficar parada esperando a presa, possuindo várias técnicas de pesca.

Na região periférica das lagoas e áreas circundantes com bastante vegetação alagada, freqüentemente são registradas a **garça-moura** e o **socó-boi**, que permanecem longos períodos imóveis, aguardando a aproximação de alguma presa. As duas espécies tendem a permanecer sozinhas quando estão à procura de alimento. O **socozinho** utiliza o emaranhado de macrófitas aquáticas como suporte para explorar águas profundas, fazendo com que ele seja a única espécie que se mantém abundante na região no período de cheia, já que a maioria das espécies depende de águas rasas para pescar eficientemente. O **savacu**, também conhecido como **socó-dorminhoco** (*Nycticorax nycticorax*) é uma espécie de hábitos crepusculares e noturnos. Durante o dia, grandes bandos são observados empoleirados nas florestas às margens dos corpos d'água, especialmente no canal Curutuba.

A **garça-real** (*Pilherodius pileatus*) e a **maria-faceira** (*Syrigma sibilatrix*) são as duas espécies de garças mais difíceis de serem observadas na região. A primeira vive geralmente solitária e, às vezes, em pequenos grupos nos corpos d'água circundados por florestas. A segunda é uma exceção ao padrão geral da família em termos de hábitat preferido, pois normalmente é vista aos casais em áreas abertas secas, onde caça insetos, seu principal alimento. Ainda mais associada às áreas terrestres secas está a **garça-vaqueira** (*Bubulcus ibis*), observada em pastagens junto ao gado, capturando insetos espantados pelos bovinos.

As garças e socós constróem seus ninhos sobre árvores. Algumas espécies o fazem junto com vários outros indivíduos da mesma espécie e de outras, nos chamados "ninhais". Dentre estas espécies, estão a **garça-branca-pequena**, a **garça-branca-grande**, a **garça-moura**, o **savacu** e a **garça-vaqueira**. Outras espécies preferem construir seus ninhos isoladamente, como a **garça-real**, a **maria-faceira**, o **socó-boi** e o **socozinho**.

CEGONHAS E COLHEREIRO

As cegonhas são aves da família Ciconiidae e os colhereiros da família Threskiornithidae, ambas pertencentes à ordem Ciconiiformes, a mesma das garças e socós, sendo também intimamente associados aos ambientes aquáticos. As cegonhas são as maiores aves brasileiras após a ema, tendo o bico muito grande e forte, plumagem predominantemente branca e pernas longas. Os sexos são parecidos, mas o macho normalmente é mais robusto. Voam com o pescoço esticado, ao contrário das garças e socós. São excelentes planadores, aproveitando as correntes de ar quente ascendentes, podendo subir a grandes altitudes e se deslocar diversos quilômetros sem muito gasto de energia, o que lhes permite percorrer grandes distâncias para encontrar os melhores locais para se alimentarem.

O **colhereiro** (*Platalea ajaja*) é inconfundível pelo seu bico peculiar na forma de colher. Possui plumagem rosada (mais intensa no período reprodutivo) devido a carotenóides presentes em crustáceos que fazem parte de sua alimentação. O imaturo é esbranquiçado e vai tornando-se mais rosado no decorrer dos primeiros anos de vida. Machos e fêmeas são parecidos, havendo certo dimorfismo no período reprodutivo.

Há três espécies de cegonhas no continente americano, todas elas registradas na planície alagável do alto rio Paraná. Embora todas se alimentem de invertebrados aquáticos, peixes e alguns outros vertebrados que vivem próximos à água, elas apresentam técnicas diferentes de captura de suas presas. Quando busca por alimento, o **cabeça-seca** (*Mycteria americana*) normalmente reúne-se em agregações em locais de água rasa e alta densidade de presas, onde fica parado ou desloca-se lentamente com o bico aberto e suas pontas mergulhadas na água, enquanto mexe o fundo com um dos pés a fim de espantar organismos ocultos ali, que serão capturados assim que tocarem no bico (forrageamento tátil).

O **tuiuiú** ou **jaburu** (*Jabiru mycteria*) costuma andar a passos largos mergulhando o bico na água violentamente por repetidas vezes para espantar presas escondidas que, depois de capturadas, às vezes são levadas para fora da água. Valendo-se de seu enorme bico, captura também filhotes de jacarés, de tartarugas e de sucuris. A localização da presa se dá através da visão e do contato com o bico (forrageamento tátil-visual). Ao contrário do **cabeça-seca** e do **tuiuiú** que preferem áreas mais abertas, o **maguari** (*Ciconia maguari*) costuma ficar parado entre a vegetação aquática mais alta esperando pela aproximação de alguma presa, que é localizada visualmente, assim como fazem as garças (forrageamento visual).

O **colhereiro** alimenta-se de peixes e invertebrados aquáticos, normalmente em águas rasas sem vegetação e com alta densidade de presas. Costuma reunir-se em agregações nos locais de forrageamento, quase sempre junto com **cabeças-secas** e garças-brancas-pequenas. Às vezes, também estão presentes, nestas agregações, outras aves, como **tuiuiús** e outras garças. Seu forrageamento é tátil, mergulhando e sacudindo lateralmente o bico enquanto caminha na água rasa, capturando a presa assim que esta toca no seu bico.

O **cabeça-seca** e o **colhereiro** nidificam sobre as árvores em ninhais, junto com garças brancas, constituindo os chamados "viveiros brancos". O **tuiuiú** nidifica solitariamente, construindo seu ninho em árvores altas. Este ninho é bastante grande e é reutilizado por vários anos pelo mesmo casal. O **maguari** constrói seu ninho sobre plantas aquáticas, em ilhas flutuantes e nas partes mais densas dos brejos. Normalmente, vários casais nidificam a poucos metros de distância. As quatro espécies nidificam no início ou durante a estação seca, período no qual as presas estão mais vulneráveis com o baixo nível hidrométrico e há mais alimento disponível. Todas elas abandonam a região durante o período de cheia, com exceção do **maguari**, que é bastante raro na região, mas pode ser encontrado lá o ano todo.

URUBUS

Os abutres do nosso continente, popularmente conhecidos como urubus, pertencem à família Cathartidae e foram considerados como aves de rapina por algum tempo no Brasil. São aves essencialmente consumidoras de animais mortos, porém podem também predar alguns pequenos animais. Possuem papel ecológico relevante, auxiliando na ciclagem de nutrientes através do consumo de carcaças. Em áreas urbanas, principalmente junto a lixões e aterros sanitários, podem ser observadas grandes aglomerações de algumas espécies, em especial o **urubu-da-cabeça-preta** (*Coragyps atratus*).

A maior parte das espécies de urubus possui visão desenvolvida, bem como a capacidade de sentir cheiros a distâncias consideráveis. Uma das características mais marcantes da morfologia destas aves é a sua cabeça nua (ausência de penas). A higienização provavelmente é o principal motivo da ausência de penas na cabeça e em parte do pescoço, já que o animal normalmente os insere no interior de animais em putrefação.

Os urubus são facilmente observados planando, pois apresentam boa capacidade de aproveitar correntes térmicas, o que diminui o gasto energético durante o vôo. Sua envergadura de asa pode variar de 1,20 a 1,80 m. No solo, podem ser vistos realizando saltos elásticos, apresentando pernas relativamente longas. Estas aves são encontradas em praticamente toda a planície alagável, estando presentes quatro das cinco espécies descritas como residentes do Brasil.

Certamente, uma das espécies que mais chama a atenção é o **urubu-rei** (*Sarcoramphus papa*). Sua coloração é distinta da maioria das espécies do grupo, chamando a atenção principalmente pela beleza do colorido da sua cabeça e o padrão branco e preto da plumagem. Este pode ser considerado relativamente exigente quanto a algumas condições ambientais, sugerindo a sua ocorrência em áreas mais preservadas de matas e campos.

Outras duas espécies de urubus presentes na área podem ser facilmente confundidas, já que a característica que melhor as distingue é a coloração da cabeça. O **urubu-da-cabeça-vermelha** (*Cathartes aura*) e o **urubu-da-cabeça-amarela** (*Cathartes burrovianus*) são bastante parecidos, tanto pousados como em vôo. A cabeça vermelha bem marcada da primeira espécie é a característica que a diferencia melhor do **urubu-da-cabeça-amarela**, cuja cabeça é amarela-alaranjada. Ambas possuem olfato bem desenvolvido, podendo ser observadas planando a pouca altura. Observações de campo sugerem que o **urubu-da-cabeça-amarela** possui uma predileção por áreas alagadas na planície, sendo observado em maior número junto ao complexo de lagoas dos rios Ivinhema e Baía.

O **urubu-da-cabeça-preta** é a espécie mais observada na planície de inundação do alto rio Paraná. Ocupa a maioria dos hábitats disponíveis na região. Em algumas ocasiões de mortalidade de peixes em lagoas dos diferentes subsistemas da região, já foram observados mais de 200 indivíduos pousados próximos aos bancos de areia aproveitando a oferta ocasional de alimento. Enquanto voa, uma das características que diferencia esta espécie das duas últimas é a presença de uma faixa clara próxima à extremidade da asa, contrastando com a cor preta predominante.

Os urubus, de forma geral, colocam seus ovos junto ao chão próximo a raízes de árvores, ou em paredões de rocha, como no caso do **urubu-da-cabeça-preta** e do **urubu-da-cabeça-vermelha**. Outras espécies, como o **urubu-rei** e o **urubu-da-cabeça-amarela,** podem optar pela nidificação em árvores altas ou em buracos existentes em seu tronco, respectivamente. Normalmente os urubus põem de 2 a 3 ovos, que variam a em coloração conforme a espécie.

GAVIÕES, FALCÕES E CORUJAS

Os gaviões, falcões e corujas são conhecidas como aves de rapina. Pertencem às famílias Pandionidae (**águia-pescadora**, *Pandion haliaetus*), Accipitridae (gaviões e águias), Falconidae (falcões), Tytonidae (**coruja-da-igreja** ou **suindara**, *Tyto alba*) e Strigidae (corujas). Todas elas caracterizam-se pelo bico adunco e garras afiadas, sendo caçadoras eficientes que possuem importante papel na regulação de presas, inclusive controlando alguns tipos de animais que causam prejuízos ao homem. A diferença mais notória entre os accipitrídeos e falconídeos está na morfologia das asas. Os primeiros possuem asas mais largas e arredondadas, propiciando que várias espécies tenham o hábito de planar no ar. Os falconídeos apresentam forma mais aerodinâmica, com as asas estreitas e pontudas, sendo menos adequadas para planar, mas permitindo um vôo mais rápido e ágil. A **águia-pescadora**, migratória da América do Norte, é espécie única em sua família e comumente avistada na região no final do segundo semestre de cada ano.

As corujas possuem vôo silencioso graças à estrutura de suas penas, uma adaptação à vida crepuscular-noturna apresentada pela grande maioria das espécies. Outra adaptação fundamental ao hábito de caçadoras noturnas é a audição excepcionalmente desenvolvida. Já, as aves de rapina diurnas têm a visão como principal sentido na localização das presas, embora a audição também seja bem desenvolvida. Os sexos são semelhantes na maioria das espécies de aves de rapina, sendo a fêmea normalmente maior, o que seria uma adaptação visando a segurança destas, já que os machos deste grupo de aves tendem a ser muito agressivos.

Dentre as 29 espécies de aves de rapina registradas na planície alagável do alto rio Paraná, certamente a **águia-cinzenta** (*Harpyhaliaetus coronatus*) é a mais imponente e corresponde a um importante registro, já que consta na Lista Nacional das Espécies da Fauna Brasileira Ameaçadas de Extinção. Foi registrada em apenas duas oportunidades: um indivíduo adulto sobrevoando a região e um imaturo pousado na margem do canal Curutuba, se alimentando de um filhote de capivara bem pequeno. Três espécies também de porte avantajado são freqüentemente observadas empoleiradas na vegetação florestal às margens dos corpos d'água, principalmente dos rios: a **águia-pescadora**, o **gavião-belo** (*Busarellus nigricollis*) e o **gavião-preto** (*Buteogallus urubitinga*). As duas primeiras se alimentam principalmente de peixes vivos, enquanto o **gavião-preto** tem alimentação mais diversificada, apanhando peixes mortos ou moribundos e vários outros animais, costumando também ser registrado em outros hábitats.

O **gavião-caramujeiro** (*Rostrhamus sociabilis*) e o **gavião-do-banhado** (*Circus buffoni*) também estão associados aos ambientes aquáticos, porém aos locais de águas mais calmas, como campos e várzeas alagados, lagoas e brejos. O primeiro é muito sociável (característica incomum entre as aves de rapina), agrupando-se nos locais de dormitório e se deslocando em bandos aos locais de alimentação.

Com registros escassos e associados aos ambientes florestais estão o **gavião-miúdo** (*Accipiter striatus*), o **falcão-relógio** (*Micrastur semitorquatus*) e o **gavião-pernilongo** (*Geranospiza caerulescens*). Este último possui adaptações peculiares, que permitem ágeis deslocamentos nos troncos e galhos de árvores, conseguindo capturar presas até em ocos.

O **cauré** ou **falcão-morcegueiro** (*Falco rufigularis*) também habita as florestas e suas bordas, sendo muito ativo no crepúsculo, já que tem os morcegos como um dos seus itens alimentares prediletos. Outro habitante das bordas de florestas, assim como de áreas abertas, o **acauã** (*Herpetotheres cachinnans*), é bastante conhecido pela sua vocalização de demarcação de território, que corresponde a um grito longo, seqüenciado, semelhante ao seu nome popular, que pode se estender por vários minutos. Já o **gavião-de-cauda-curta** (*Buteo brachyurus*), com um único registro, é um habitante de bordas de florestas e áreas abustivas próximas à água. Outro gavião relacionado aos ambientes florestais é o **gavião-tesoura** (*Elanoides forficatus*), uma espécie migratória e com poucos registros na planície.

Entre as espécies mais comumente registradas na região estão o **sovi** (*Ictinia plumbea*) e o **gavião-carijó** (*Rupornis magnirostris*), que utilizam vários ambientes, desde que com alguma vegetação arbórea. Nas áreas abertas, o **caracará** (*Caracara plancus*) e o **carrapateiro** (*Milvago chimachima*) são as espécies mais comuns e apresentam alimentação bastante diversificada. Ambos comem até carniça, sendo o primeiro às vezes registrado disputando grandes carcaças com os urubus. O **carrapateiro** também tem o hábito de caminhar sobre o gado deitado retirando carrapatos e bernes.

O **gavião-caboclo** (*Heterospizias meridionalis*), habitante das áreas abertas, é bastante conhecido por seu hábito de freqüentar áreas com incêndios, onde captura pequenos animais que estão fugindo das chamas, além daqueles mortos ou moribundos. Já o **gavião-peneira** (*Elanus leucurus*) é facilmente reconhecido pelo seu hábito de caçar através da técnica de peneirar, onde fica batendo as asas rapidamente no ar, sem sair do lugar, procurando a presa nas áreas abertas da planície. Ao localizá-la, deixa-se cair sobre ela, freando com uma batida de asa quando chega próximo a ela, apanhando-a em seguida.

Outra ave de rapina registrada nas áreas abertas, o **gaviãozinho** (*Gampsonyx swainsonii*), destaca-se por ser o menor dos gaviões brasileiros. O **quiriquiri** (*Falco sparverius*), outra espécie de pequeno porte, é comum nas áreas abertas da região e bastante conhecido pelos moradores locais. O **falcão-de-coleira** (*Falco femoralis*), também freqüentemente registrado na região, chama a atenção pela estratégia de caça cooperativa por vezes aplicada pelos casais, principalmente quando a presa é uma pequena ave.

Dentre as espécies de corujas registradas, certamente a **coruja-buraqueira** (*Athene cunicularia*) é a mais conhecida. Pode ser facilmente observada durante o dia pousada no solo, em áreas abertas, junto aos seus ninhos quando estes estão ativos. Porém, é durante a noite que se tornam mais ativas na procura por alimento.

A **corujinha-do-mato** (*Megascops choliba*) permanece escondida em ocos de árvores durante o dia, mas à noite é a espécie do grupo mais comumente ouvida vocalizando na região. Outra espécie comum na região, com vocalização bastante característica, é o **caburé** (*Glaucidium brasilianum*), que pode ser ouvido também durante o dia.

A **coruja-orelhuda** (*Rhinoptynx clamator*) é menos comum na região. Foi registrada apenas em uma oportunidade, escondida em um galpão na sede do Parque Estadual das Várzeas do Rio Ivinhema. Habitantes das bordas e interior de florestas, o **caburé-miudinho** (*Glaucidium minutissimum*) e o **murucututu-de-barriga-amarela** (*Pulsatrix koeniswaldiana*) são espécies raramente observadas na planície e pouco conhecidas pelos moradores da região. A **coruja-da-igreja**, por sua vez, habita desde as bordas de florestas até as áreas abertas e semi-abertas, naturais ou antropizadas, incluindo construções humanas como telhados de celeiros, prédios e torres de igrejas, de onde leva seu nome mais popular.

Os ninhos das aves de rapina variam entre as famílias e espécies. Podem ser construídos sobre árvores, no solo, em penhascos ou mesmo em ocos de árvores. Muitas espécies reutilizam ninhos construídos por outras aves, geralmente situados em locais elevados (falcões e gaviões) e em ocos de árvores ou no solo (corujas). Geralmente os casais nidificam isoladamente, defendendo agressivamente um território ao redor do ninho, cujo tamanho varia muito entre as espécies. Porém, há exceções, como o **gavião-caramujeiro**, que nidifica em colônias.

TRINTA-RÉIS E TALHA-MAR

Os trinta-réis são aves da família Sternidae e o **talha-mar** (*Rynchops niger*) é o único representante brasileiro da família Rynchopidae, todos eles associados aos ambientes aquáticos. Os trinta-réis são palmípedes (como os Anatidae), têm asas longas, cauda levemente bifurcada, pernas curtas e bico reto, pontiagudo e apontado para baixo durante o vôo. O bico e as pernas são amarelos e a plumagem apresenta duas fases distintas: a sexual e a de repouso sexual ou invernal. Os sexos são semelhantes, os machos sendo normalmente mais robustos.

Alguns grupos de aves encontrados na Planície

O **talha-mar** possui pernas muito curtas e pés pequenos, cauda levemente bifurcada e asas bastante longas em relação ao corpo. A plumagem das costas é negra e a fronte, garganta, peito e barriga são brancos. Os dois sexos são semelhantes, mas o macho é maior. Porém, a característica mais notável desta espécie é o bico peculiar, comprimido lateralmente e com a mandíbula bem mais longa do que a maxila. Graças ao bico ser bem abastecido de irrigação sanguínea e nervos, ocorre regeneração da ponta da mandíbula quando esta se quebra, além de possibilitar que ela auxilie na orientação tátil. O bico é vermelho na base e preto nas pontas.

Das dez espécies de trinta-réis residentes no país, apenas duas são freqüentemente registradas em águas interiores, longe do litoral, junto aos grandes rios e seus tributários, ambas observadas na planície alagável do alto rio Paraná. O **trinta-réis-grande** (*Phaetusa simplex*) é comumente visto sobrevoando os grandes corpos d'água, sobretudo o rio Paraná, sendo facilmente detectado devido aos incessantes gritos que emite em vôo. O **trinta-réis-anão** (*Sternula superciliaris*), um dos menores do mundo, costuma se manter mais próximo às margens quando em vôo e também utiliza constantemente pequenos corpos d'água, emitindo gritos bem menos perceptíveis do que a espécie anterior.

As duas espécies comem principalmente peixes, usando método semelhante na pescaria: voam lentamente alguns metros acima da água e, em um dado momento, começam a pairar no ar, batendo as asas rapidamente (ato de peneirar) e observando a água. Em seguida, lançam-se sobre a presa escolhida, submergindo até um metro e emergindo rapidamente com ela, que é devorada no ar.

O **talha-mar** também é principalmente piscívoro, mas tem um método de pesca diferente: voa rente a água mantendo o bico constantemente aberto, com parte da mandíbula mergulhada. Quando toca em alguma presa, rapidamente fecha o bico e a apanha, continuando na seqüência o vôo na busca por mais presas. Pesca principalmente no crepúsculo, à noite e próximo ao amanhecer, permanecendo durante o dia pousado nos bancos de areia às margens de rios e ilhas.

As três espécies nidificam juntas em colônias sobre os bancos de areia formados com o recuo das águas após a cheia. Os ninhos nada mais são do que buracos no solo. Os trinta-réis protegem os ovos e filhotes agressivamente, principalmente o **trinta-réis-grande**, que pode chegar a bicar a cabeça de um intruso que se aproxime muito. O **talha-mar** não é tão agressivo, mas também faz vôos de intimidação contra alguém que represente ameaça à prole. O turismo mal conduzido nesses locais de nidificação pode prejudicar a reprodução dessas espécies.

POMBAS, ROLINHAS E JURITIS

As pombas, rolinhas e juritis são aves da família Columbidae e boa parte das espécies habita regiões abertas, sendo beneficiadas pelo desmatamento e estabelecimento de plantações e pastagens. De um modo geral, as diferentes espécies são semelhantes umas as outras, apresentando cabeça pequena e redonda, bico relativamente delicado, corpo pesado, pernas e dedos moles, plumagem cheia, macia e rica em pó, sendo que as penas desprendem-se facilmente do corpo. A coloração é razoavelmente uniforme em todo o corpo, predominando tons de cinza ou de marrom. Em alguns casos, a semelhança é tão grande entre diferentes espécies que praticamente só é possível diferenciar uma da outra em campo através da vocalização, como a **juriti-pupu** (*Leptotila verreauxi*) e a **juriti-gemedeira** (*Leptotila rufaxilla*). Entretanto, há diferenças consideráveis em relação ao tamanho, sendo que o **pombão** ou **asa-branca** (*Patagioenas picazuro*) pode atingir cerca de 35 cm, enquanto a **rolinha-de-asa-canela** (*Columbina minuta*) mede cerca de 15 cm. Os sexos normalmente são semelhantes, com o macho apresentando cores mais vivas.

Onze espécies foram registradas na planície alagável do alto rio Paraná. Via de regra, as espécies menores, como a **rolinha-de-asa-canela**, a **rolinha-roxa** (*Columbina talpacoti*), a **rolinha-picui** (*Columbina picui*), a **fogo-apagou** (*Columbina squammata*) e a **pomba-de-bando** ou **pomba-amargosinha** (*Zenaida auriculata*) vivem em hábitats abertos, sendo comumente registradas nas áreas antropizadas, assim como nos campos e zonas arbustivas da região. As espécies maiores, como o **pombão**, a **pomba-galega** (*Patagioenas cayennensis*), a **juriti-pupu** e a **juriti-gemedeira**, embora também freqüentem áreas abertas, são comumente registradas nas bordas e interior de florestas. Relacionadas ainda ao ambiente florestal (interior e/ou borda), são a **pararu-azul** (*Claravis pretiosa*) e a **pariri** (*Geotrygon montana*), com poucos registros na planície. Todas se alimentam principalmente de sementes e frutos, mas insetos e larvas também são consumidos. O alimento é apanhado principalmente no solo, enquanto caminham e reviram folhas e gravetos, mas o **pombão** e a **pomba-galega** também apanham alimento no alto das árvores.

Depois de formados no início do período reprodutivo, o casal permanece junto até o final da criação dos filhotes. Os ninhos são pouco elaborados, feitos com gramíneas e gravetos. Algumas espécies fazem os ninhos sempre em árvores (**pombão** e **pomba-galega**), outras o fazem no chão ou entre o emaranhado de arbustos (**rolinha-roxa, rolinha-picui**), enquanto algumas utilizam ambos os locais (**rolinha-de-asa-canela, fogo-apagou, pomba-de-bando, juriti-pupu** e **juriti-gemedeira**). Põem 1 ou 2 ovos de cor branca. Os filhotes são nidícolas, sendo alimentados pelos pais com o "leite do papo", massa regurgitada composta pelo epitélio digestivo do papo, que é fortemente desenvolvido em ambos os sexos no período reprodutivo. Conforme vão crescendo os filhotes passam a ser alimentados também com sementes.

ARARAS, PAPAGAIOS E PERIQUITOS

As araras, os papagaios e os periquitos são aves da família Psittacidae, sendo o Brasil o país que apresenta o maior número de espécies do grupo no mundo. Morfologicamente, são bastante uniformes, principalmente em relação à cabeça. O bico é alto, recurvado e forte, capaz de quebrar frutos muito duros. As asas são compridas e fortes, a plumagem é curta, dura e rica em pó, normalmente constituída por cores variadas e vistosas, predominando o verde nas espécies brasileiras. Há diferenças marcantes em relação ao tamanho do corpo entre as diferentes espécies: enquanto a **arara-vermelha-grande** (*Ara chloropterus*) chega a 95 cm, o **tuim** (*Forpus xanthopterygius*) mede cerca de 12 cm. Os sexos são muito parecidos na maioria das espécies. São aves um tanto barulhentas e com um estilo de vocalização bastante peculiar à família.

Algumas espécies, principalmente os papagaios, em especial o **papagaio-verdadeiro** (*Amazona aestiva*), quando criados em cativeiro desde filhotes, aprendem a pronunciar palavras, frases e até a cantar trechos de músicas, imitando os humanos. Essa característica, associada a grande beleza e simpatia destas aves, faz com que várias espécies da família sofram forte pressão do tráfico de animais silvestres, estando muitas delas ameaçadas ou em vias de serem extintas na natureza, fato agravado pela destruição de seus hábitats em várias regiões. Frutos e sementes são os principais alimentos destas aves, mas também comem folhas, brotos, flores, insetos e outros invertebrados.

Das onze espécies da família registradas na planície alagável do alto rio Paraná, as quatro maiores, que são a **arara-canindé** (*Ara ararauna*), a **maracanã-do-buriti** (*Orthopsittaca manilata*), a **arara-vermelha-grande** e a **maracanã-verdadeira** (*Primolius maracana*), não são tão freqüentemente registradas. As duas primeiras parecem ter

Alguns grupos de aves encontrados na Planície

distribuição um tanto restrita na região e estar associadas às florestas com presença abundante de buritis (*Mauritia sp*), onde encontram abrigo e se alimentam do coco desta árvore. Estas florestas localizam-se principalmente na região do rio Baia, próximo ao reservatório da Usina Hidrelétrica de Porto Primavera.

Também pouco registrados na região são a **maitaca-verde** (*Pionus maximiliani*), a **tiriba-de-testa-vermelha** (*Pyrrhura frontalis*) e o **periquito-de-encontro-amarelo** (*Brotogeris chiriri*). As duas primeiras espécies vivem principalmente nas florestas, sendo registradas nas regiões melhor conservadas da planície. Já o **periquito-de-encontro-amarelo** utiliza vários tipos de ambientes e, na maioria das vezes, é registrado em bandos. O **periquitão-maracanã** (*Aratinga leucophthalma*) e o **papagaio-verdadeiro** são frequentemente registrados tanto nas florestas quanto nas áreas abertas, sozinhos, aos casais ou em bandos. Já o **periquito-rei** (*Aratinga aurea*) e o **tuim** são comuns nas áreas abertas e bordas de florestas, evitando o interior destas. O **tuim** é muito gregário, sendo sempre registrado em bandos de cerca de 20 indivíduos.

Os ninhos são construídos em ocos nas palmeiras ou outras árvores, em buracos nos paredões rochosos ou em câmaras escavadas em cupinzeiros. O tuim também usa ninhos abandonados de joão-de-barro. Em alguns casos, pode haver competição por locais para nidificação. O **papagaio-verdadeiro**, por exemplo, chega a realizar ataques intra-específicos em vôo. Depois de formados, os casais tendem a ser manter juntos por muito tempo ou até pelo resto da vida.

BEIJA-FLORES

Os beija-flores são aves da família Trochilidae restritas ao continente americano, pertencendo a este grupo os menores vertebrados endotérmicos do mundo. Possuem bico longo e fino, boca estreita e língua longa, conjunto que funciona como uma importante ferramenta de exploração de diferentes tipos de flores, de onde retiram o néctar, seu principal alimento. As asas são longas, possuindo grande capacidade de batimento (até cerca de 80 batidas por segundo), com movimentos alternados de lento a muito rápido, dependendo da situação. Podem pairar no ar ou voar a grandes velocidades e percorrerem grandes distâncias. O coração atinge cerca de 20% da massa total do corpo, o que, associado aos pulmões também relativamente grandes, possibilitam a intensa atividade diária destas aves. Os pés são pequenos e as pernas curtas, porém os dedos e unhas são fortes, possibilitando agarrarem-se a galhos finos.

Sua coloração, normalmente dotada de um metálico característico (iridescente), é um dos aspectos importantes na identificação das espécies do grupo. Dependendo da posição que se encontram no ambiente em relação ao observador, pode haver variação na cor. Muitas espécies de beija-flores podem ter, na região do pescoço, uma espécie de escudo metálico que serve para exibição e marcação de território. Em muitas espécies há diferenças entre os sexos, com o macho normalmente apresentando cores mais chamativas. Embora se alimentem de néctar, algumas espécies não podem ser consideradas polinizadoras de certas plantas, já que os beija-flores podem saquear o néctar pela base da flor. Pequenos artrópodes complementam a dieta destas aves, contribuindo em maior ou menor grau conforme a espécie.

Oito espécies de beija-flores foram registradas na planície alagável do alto rio Paraná. O **rabo-branco-acanelado** (*Phaethornis pretrei*) vive principalmente junto às florestas ciliares, mas às vezes é registrado em áreas abertas sombreadas. Com freqüência, pode ser visto visitando as flores vermelhas de *Cuphea melvilla* nas margens dos cursos d'água da região. O **beija-flor-de-fronte-violeta** (*Thalurania glaucopis*) também é uma espécie mais comumente registrada em ambientes florestais. Nas áreas mais abertas, chama atenção o **beija-flor-**

tesoura (*Eupetomena macroura*), espécie territorial e agressiva, muitas vezes avistada afugentando outras espécies de beija-flores, ou mesmo de outras aves. O **beija-flor-de-veste-preta** (*Anthracothorax nigricollis*), o **beija-flor-dourado** (*Hylocharis chrysura*) e o **besourinho-de-bico-vermelho** (*Chlorostilbon lucidus*) são as espécies mais facilmente registradas na região, ocupando praticamente todos os ambientes terrestres disponíveis ali e frequentemente sendo observadas visitando as flores da erva-de-rato (*Palicourea crocea*) e do ingá (*Inga vera*) nas bordas das florestas ciliares da planície.

O **beija-flor-preto** (*Florisuga fusca*) e o **beija-flor-de-bico-curvo** (*Polytmus guainumbi*) parecem ser, dentre as espécies registradas, as menos abundantes na planície. Porém, em uma ocasião, foram registrados simultaneamente dezenas de ninhos ativos do **beija-flor-de-bico-curvo** em uma ampla área de várzea ao redor do rio Curupaí, um pequeno afluente do rio Ivinhema, estando estes ninhos localizados a poucos centímetros da superfície da água.

Os ninhos normalmente são confeccionados com materiais como teias de aranhas e fibras vegetais firmemente entrelaçadas e fixadas com saliva. Alguns tipos de líquens e restos de vegetais podem estar presos junto às paredes externas dos ninhos, que podem ter forma alongada (ocorrendo pendurados ou não) ou esférica, parecendo uma tigela. Estes comumente são construídos em arbustos, cipós e ramagens. Normalmente a fêmea realiza a incubação dos ovos.

MARTINS-PESCADORES

Os martins-pescadores são aves da família Alcedinidae e têm vida associada aos ambientes aquáticos. As espécies neotropicais têm aparência bastante homogênea, mas diferem um tanto no tamanho. Apresentam o bico proporcionalmente grande em relação ao corpo e possuem língua curta. Há dimorfismo sexual na cor da plumagem, sendo esta densa, lisa e bem justa no corpo, em adaptação à vida aquática. São via de regra piscívoros, mas também se alimentam de alguns invertebrados aquáticos.

O método de pescaria é semelhante entre as diferentes espécies: **martim-pescador-grande** (*Ceryle torquatus*), **martim-pescador-verde** (*Chloroceryle amazona*) e o **martim-pescador-pequeno** (*Chloroceryle americana*). Permanecem pousados em um poleiro, que pode ser um galho ou ramo de árvore pendente sobre a água, alguma estaca ou tronco de árvore seca na margem ou dentro da água, ou ainda fios, cercas e até pontes que estejam a poucos metros acima do leito do rio. Deste poleiro, observam atentamente a superfície da água e, assim que alguma presa se aproxima, lançam-se verticalmente sobre ela, capturando-a com o bico. Em seguida, a presa é levada para um poleiro, batida contra uma superfície dura (no caso de presas maiores) e engolida após sua morte. Às vezes, para atrair pequenos peixes, deixam cair fezes sobre a água enquanto estão empoleirados. Os martins-pescadores podem ainda utilizar outra estratégia de pesca, pairando em pleno vôo a uma altura de 5 a 10 m sobre a água, de onde observam sua superfície e lançam-se sobre a presa assim que esta é detectada.

Vivem solitários ou aos casais e nidificam em barrancos expostos durante a seca nas margens dos rios, onde com os pés cavam túneis que podem chegar a dois metros no caso do **martim-pescador-grande**, havendo uma câmara no final que é propriamente o ninho. É comum haver vários ninhos próximos em um mesmo barranco. Machos e fêmeas cuidam juntos da prole, alimentando-os com pequenos peixes e invertebrados.

TUCANOS E ARAÇARIS

Os tucanos e os araçaris são aves da família Ramphastidae, restritas à região Neotropical e consideradas como um dos símbolos do continente. A principal característica do grupo é o bico enorme, podendo ser do tamanho ou maior que o corpo da ave. Apesar de duro e cortante, é leve, poroso e muito sensível a lesões. Há grande variação de cores tanto na parte externa quanto interna dos bicos entre as diferentes espécies. A coloração viva, associada à presença de estruturas semelhantes a dentes, torna o bico uma estrutura extremamente chamativa, o que pode auxiliar a amedrontar predadores e competidores, além de ter um possível papel na atração de parceiros. Os bicos são usados com grande habilidade na alimentação, lançando o alimento para trás e para cima em direção a garganta, enquanto a ave abre o bico para o alto. A plumagem também é vistosa e bastante colorida em algumas espécies.

Os sexos são semelhantes na maioria das espécies, sendo os machos geralmente mais pesados e com o bico um pouco mais longo e colorido. Sua vocalização, muitas vezes, assemelha-se a um ronco. Basicamente, são espécies que se alimentam de frutos; contudo, podem predar pequenos invertebrados, ovos, filhotes de aves e capturar morcegos em seus dormidouros.

Na planície alagável do alto rio Paraná foram registradas duas espécies da família. O **tucanuçu** (*Ramphastos toco*) é a maior espécie do grupo e muito comum na região. Possui bico amarelo-alaranjado com faixas avermelhadas, com uma grande mancha negra arredondada na ponta da parte superior. A região da garganta é branca, a íris é azul, circundada por uma área nua alaranjada, sendo o restante do corpo negro. Sua observação em campo é facilitada, já que utiliza áreas razoavelmente abertas e bordas de florestas, além de ter o hábito de permanecer pousado na extremidade de galhos secos em árvores altas. É freqüentemente visto cruzando o rio Ivinhema sozinho ou em casais. Costuma saquear os ninhos de outras aves, por isso é comum observá-lo sendo perseguido e atacado em vôo por outras aves.

O **araçari-castanho** (*Pteroglossus castanotis*) tem o bico predominantemente negro na parte inferior e claro em cima. A cabeça, garganta e região dorsal são escuras, com penas avermelhadas próximo à cauda. Há uma faixa vermelha separando o peito e a barriga amarelos. É menos conspícuo do que a espécie anterior, pois não costuma freqüentar tanto as áreas abertas e tem o hábito de deslocar-se através das copas das árvores, passando às vezes despercebido entre a folhagem. Vive em pequenos bandos e não costuma saquear ninhos de outras aves como o **tucanuçu**.

Ambas as espécies fazem os ninhos em ocos de árvores, geralmente em locais anteriormente usados por outras aves, principalmente papagaios, araras e pica-paus. Os ocos são também usados como local de dormitório.

PICA-PAUS

Os pica-paus são aves da família Picidae, de ampla distribuição mundial e com alta riqueza de espécies na região Neotropical. Seu bico, reto e forte, é capaz de funcionar como um cinzel. Este bico possui grande poder de perfuração, sendo resistente o suficiente para não ser danificado pelos fortes golpes desfechados contra o tronco das árvores na busca por invertebrados escondidos ali. Associado a este bico, há uma língua comprida (podendo alcançar 5 vezes o tamanho do seu bico), sendo a sua extremidade composta por farpas desenvolvidas e com alta capacidade de adesão em função do viscoso muco ao seu redor. O crânio possui adaptações para proteger o cérebro das trepidações geradas pelos poderosos golpes no tronco das árvores. Desta forma, o alimento pode ser retirado de pequenas frestas ou orifícios do caule. Possuem pernas curtas, com pés fortes para se agarrar aos troncos e a cauda é utilizada pela maioria das espécies como ferramenta de apoio para o corpo em substratos verticais.

A maioria dos pica-paus tem nas árvores seu principal

Alguns grupos de aves encontrados na Planície

local de vida, contudo alguns podem utilizar o solo com certa regularidade. Seus movimentos no tronco das árvores são expressos por saltos para cima, mantendo os pés lado-a-lado, onde algumas espécies podem descer de ré ou de frente. Os sexos são parecidos, com o macho muitas vezes diferenciando-se pela presença de estrias malares ou manchas vermelhas no vértice ou na nuca. Para a maioria das espécies predominam na alimentação formigas, larvas de insetos e outros invertebrados. Contudo, também podem consumir alimentos de origem vegetal, tais como frutos e sementes.

Os sons que os pica-paus produzem ao bater seu bico no caule das árvores estão entre os barulhos que mais chamam a atenção em uma floresta e possuem duas naturezas diferentes. O som realizado pelas espécies enquanto buscam seu alimento ou perfuram um local para a reprodução é chamado de cinzelar, ao passo que aquele produzido em partes secas e ocas, capazes de ampliar seu volume, é conhecido como tamborilar. A função do tamborilar pode ser a demarcação de território, sendo uma poderosa ferramenta de comunicação associada à vocalização das espécies.

Devido ao fato de ocuparem as áreas abertas da planície, terem coloração chamativa e hábitos conspícuos, o **pica-pau-do-campo** (*Colaptes campestris*) e o **pica-pau-branco** ou **birro** (*Melanerpes candidus*) certamente são as duas espécies mais conhecidas da família na região. A primeira diferencia-se das demais espécies do grupo por ser observada principalmente no chão, onde caça invertebrados. Vive em casais ou pequenos grupos, vocalizando bastante durante o vôo. O **pica-pau-branco**, inconfundível espécie alvinegra, habita também as bordas de florestas e vive sempre em grupos, cujos membros se comunicam através de gritos fortes. Também bastante comuns na região, porém bem menos conspícuas do que as anteriores, são o **pica-pau-anão-barrado** (*Picumnus cirratus*), o **pica-pau-anão-escamado** (*Picumnus albosquamatus*) e o **picapauzinho-anão** (*Veniliornis* *passerinus*). As três espécies são bastante pequenas, vivem invariavelmente em árvores ou arbustos e suas vocalizações são bem mais fracas e menos chamativas do que as das espécies anteriores. O hábito florestal e sua cor pouco conspícua nesse ambiente tornam o **picapauzinho-anão** ainda mais difícil de ser observado.

O **benedito-de-testa-amarela** (*Melanerpes flavifrons*) é outro habitante das florestas da região, porém tem cores bem chamativas e é bastante barulhento, tornando mais fácil detectar sua presença na área. Ao contrário da maioria das espécies de pica-paus florestais, é uma espécie sociável, podendo ser registrado em grupos e construindo ninhos próximos uns dos outros. Também florestais, o **pica-pau-de-banda-branca** (*Dryocopus lineatus*), o **pica-pau-de-cabeça-amarela** (*Celeus flavescens*) e o **pica-pau-rei** (*Campephilus robustus*) são as maiores espécies do grupo registradas na região. A presença destas em uma área pode ser indicada pelas fortes batidas do bico no tronco de uma árvore, capazes de serem ouvidas a longas distâncias. Cada uma destas três espécies possui um tamborilar bem característico, utilizado para demarcar seu território. Por fim, o **pica-pau-verde-barrado** (*Colaptes melanochloros*) também é um habitante das florestas, mas freqüentemente visita áreas abertas com árvores. É uma espécie discreta, pouco notada em seus deslocamentos, exceto no período reprodutivo quando realizam uma vocalização intensa.

Os ninhos geralmente são construídos em troncos de árvores, onde o casal abre uma cavidade que corresponde ao tamanho do seu corpo, para impedir a entrada de outros animais maiores. Costumam abrir a cavidade na face do tronco que está inclinada para o solo, o que protege o ninho da chuva e facilita a defesa da entrada. Algumas espécies, como o **pica-pau-do-campo**, costumam cavar o ninho em postes de madeiras ou palanques de cerca semi-apodrecidos, assim como em cupinzeiros terrícolas e até barrancos.

Alguns grupos de aves encontrados na Planície

BEM-TE-VIS

Os bem-te-vis são aves que compõem parte da família Tyrannidae, que é a maior em número de espécies no Brasil. As espécies desta família estão entre as mais heterogêneas entre as aves, com variações no tamanho, cores, formato do bico, cauda, alimentação e hábitats utilizados. Chama atenção a variedade de vozes emitidas, representadas por assobios melodiosos e elaborados, por gritos fortes e roucos e mesmo chiados discretos que auxiliam na identificação de espécies de aparência semelhante. O grupo dos bem-te-vis é composto por espécies cujas plumagens são muito semelhantes: dorso pardo-esverdeado, cabeça negra com o píleo amarelo ou vermelho, linha branca ou amarela sobre o olho, garganta branca ou amarela e barriga amarela. Entretanto, o **bem-te-vi-pirata** (*Legatus leucophaius*), o **bem-te-vi-rajado** (*Myiodynastes maculatus*) e o **peitica** (*Empidonomus varius*) apresentam cores bem diferentes das demais espécies deste grupo, uma vez que apresentam-se ventralmente estriados em preto e branco. Aspectos como o tamanho e a voz auxiliam na diferenciação das espécies. Os sexos são bastante parecidos neste grupo.

Foram registradas cinco espécies de bem-te-vis com a coloração característica descrita acima na planície alagável do alto rio Paraná. Dentre elas, certamente o **bem-te-vi** (*Pitangus sulphuratus*) é o mais abundante e bem conhecido, sendo a ele dado simplesmente o nome comum do grupo, que é uma referência à sua principal vocalização. Pode ser observado em praticamente todos os ambientes na região. Possui grande capacidade de adaptação a alterações ambientais, sendo normalmente beneficiado pelo avanço do homem sobre regiões florestadas. Além de capturar insetos em vôo a partir de um poleiro, característica típica deste grupo de aves, o **bem-te-vi** se alimenta de vários outros itens (sendo capaz até de pescar), o que facilita sua adaptação a diversos ambientes.

Muito semelhante ao **bem-te-vi**, o **bem-te-vi-de-bico-chato** (*Megarynchus pitangua*) difere do primeiro por ser mais corpulento e ter o bico maior e achatado. Sua vocalização mais ouvida é uma repetição de seu outro nome comum: **neinei**. É mais relacionado à vegetação arbórea, ocorrendo no interior e em bordas de florestas secas ou matas ciliares da região. O **bentevizinho-de-penacho-vermelho** (*Myiozetetes similis*) parece uma miniatura do **bem-te-vi**, tendo o bico bem mais curto e penas vermelhas no píleo que normalmente permanecem ocultas. Sua vocalização é bem diferente, composta por chamados altos e agudos. Vive associado à vegetação arbórea, sendo registrado tanto em florestas úmidas junto aos corpos d'água como nas mais secas.

O **bem-te-vi-pequeno** (*Conopias trivirgatus*) é bastante parecido ao **bentevizinho-de-penacho-vermelho**, diferindo deste principalmente pela sua garganta amarelada, faixa branca sobre o olho mais longa (vai até a nuca), ausência de penas vermelhas no píleo e vocalização. Na região, normalmente é registrado nas áreas menos antropizadas, freqüentemente na parte alta da vegetação arbórea junto aos corpos d'água ou brejos. A outra espécie do grupo registrada na planície alagável do alto rio Paraná é o **suiriri-pequeno** (*Satrapa icterophrys*), que difere das demais espécies principalmente pela faixa de forte tom amarelo sobre o olho. Permanece pousado por longos períodos em árvores e arbustos nas áreas abertas, bordas de florestas ou próximo a brejos e raramente desce até o solo. Dentre as espécies deste grupo, foi a com menor número de registros na região.

Os ninhos dos bem-te-vis são normalmente construídos sobre árvores, variando em seu formato conforme a espécie.

ANDORINHAS

As andorinhas são aves da família Hirundinidae, de vasta distribuição mundial e muitas vezes associadas aos ambientes urbanos, não devendo ser confundidas com os andorinhões (família Apodidae), de quem são parentes distantes. Possuem asas curtas e largas quando comparadas aos andorinhões, tendo um vôo mais ágil e menos rasante do que estes. O pescoço é curto, assim como o bico, que também é largo e chato, o que associado a sua grande habilidade de vôo, facilita a captura de insetos em pleno ar. Porém, diferente dos tiranídeos, as andorinhas não se utilizam de poleiros para capturar a presa no ar, mas permanecem voando por longos períodos e realizam capturas sucessivas. As pernas são curtas e os dedos são fortes para permitir uma fixação firme em poleiros, podendo ser vistas comumente pousadas em fios, postes e galhos, ocorrendo desde pequenos grupos até milhares de indivíduos, durante os deslocamentos migratórios. A realização de migrações, aliás, é uma característica marcante das andorinhas. Após o período reprodutivo, todas as espécies (mas não todos os indivíduos) que residem no centro-sul do Brasil migram para o norte da América do Sul e até a América Central, percorrendo grandes distâncias para obter alimento. Machos e fêmeas são semelhantes.

Todas as andorinhas registradas na planície alagável do alto rio Paraná são associadas às áreas abertas ou aos ambientes aquáticos. A **andorinha-do-rio** (*Tachycineta albiventer*) é a espécie mais ligada aos hábitats aquáticos, sendo comumente registrada sozinha, aos casais ou em grupos familiares sobrevoando os corpos d'água a baixa altura ou pousada em galhadas parcialmente submersas, embarcações e pontes. Às vezes, é vista pousada próxima a duas outras espécies que também costumam freqüentar os ambientes aquáticos, mas cuja ocorrência não é restrita a eles, a **andorinha-de-sobre-branco** (*Tachycineta leucorrhoa*) e a **andorinha-serradora** (*Stelgidopteryx ruficollis*). A primeira vive em casais e se reúne em bandos de algumas dezenas de indivíduos durante as migrações e a segunda vive em pequenos grupos, não formando esses grandes bandos.

A **andorinha-pequena-de-casa** (*Pygochelidon cyanoleuca*) e a **andorinha-doméstica-grande** (*Progne chalybea*) são muito semelhantes na coloração, mas facilmente diferenciáveis pelo porte, já que a segunda tem quase duas vezes o tamanho da primeira e mais do que o dobro da massa corpórea. Ambas habitam áreas terrestres abertas e se adaptam bem à presença humana, sendo comumente registradas nas cidades e vilarejos da região, abrigando-se nos telhados das residências, buracos de muro e outras cavidades junto às habitações das cidades. A **andorinha-do-campo** (*Progne tapera*) é outra habitante das áreas abertas terrestres da planície, mas não freqüenta tanto as áreas urbanizadas como as espécies anteriores. Costuma ser registrada voando ou pousada junto com as outras andorinhas grandes, com quem também divide os dormitórios. A **andorinha-de-bando** (*Hirundo rustica*) difere das demais espécies registradas por se reproduzir na América do Norte, passando pela planície alagável do alto rio Paraná nos últimos meses do ano durante sua migração ao sul do Brasil, Argentina e Uruguai. Reúne-se em grandes bandos nesses deslocamentos e sua identificação é facilitada pela cauda bifurcada.

Os ninhos são construídos em cavidades nos barrancos de rios (**andorinha-do-rio, andorinha-de-sobre-branco** e **andorinha-serradora**; a última também nos barrancos de estradas), em cavidades de construções humanas e no forro das casas (**andorinha-pequena-de-casa** e **andorinha-doméstica-grande**), além de nidificarem em cupinzeiros e ninhos do joão-de-barro (**andorinha-do-campo**).

SANHAÇUS E SAÍRAS

Os sanhaços e as saíras são aves da família Thraupidae, caracterizada pelas belas plumagens de vários de seus representantes. Algumas espécies de saíras, por exemplo, reúnem uma considerável variedade de cores. Os sexos são semelhantes em várias espécies, enquanto em outras, as fêmeas têm colorido diferente e mais modesto que o dos machos. A forma do bico varia bastante entre os gêneros em tamanho, robustez, proporções e curvatura, aparentemente estando relacionada ao comportamento alimentar.

Em geral, a voz é chiada, pouco atraente e às vezes tão fina como ruídos de insetos, embora sejam bastante comunicativos. É comum a fêmea também cantar, porém seu canto é menos desenvolvido. Alimentam-se principalmente de matéria vegetal, como: frutos pequenos, pedaços de frutos maiores e seus sucos, folhas, botões e néctar. Freqüentemente consomem também invertebrados, como complemento da dieta. Em geral, são aves que habitam principalmente a copa das árvores, sendo comum vários thraupídeos encontrarem-se em árvores floridas, juntamente com beija-flores, para sugar néctar e/ou capturar insetos atraídos pelas flores. Grande parte das espécies participa de bandos mistos, onde várias espécies se associam em busca de alimento. Evidências sugerem que o tempo de permanência das espécies nestes bandos pode estar relacionada à proporção da dieta destas que é composta por itens de origem animal.

Das onze espécies da família registradas na planície alagável do alto rio Paraná, o **sanhaçu-cinzento** (*Thraupis sayaca*) certamente é a espécie mais conhecida na região, por habitar ambientes abertos e a freqüentemente visitar pomares, mesmo nos quintais das casas de áreas urbanas. De porte e hábitos semelhantes ao anterior, o **sanhaçu-do-**

coqueiro (*Thraupis palmarum*) caracteriza-se pela cor verde e pela íntima relação que possui com as palmeiras, praticamente só sendo registrado em áreas onde estas estão presentes. Ele tem o hábito de passar longos períodos se deslocando entre as folhas desta árvore, onde caça invertebrados. O **saí-andorinha** (*Tersina viridis*) e o **saí-azul** (*Dacnis cayana*) chamam a atenção por suas belas colorações em tons azulados e também costumam visitar pomares, embora menos freqüentemente do que os sanhaçus. Indivíduos de **saí-azul** são registrados comumente junto com os **figuinhas-de-rabo-castanho** (*Conirostrum speciosum*), formando bandos bastante agitados nas copas de árvores nas florestas em busca de alimento.

A **saíra-de-chapéu-preto** (*Nemosia pileata*) também habita a copa das árvores e normalmente vive aos casais. A **pipira-vermelha** (*Ramphocelus carbo*) é uma típica habitante das florestas ciliares da região, sendo o macho adulto inconfundível devido à base branca brilhante de seu bico, contrastando com sua coloração predominantemente negra, com tons avermelhados na frente. Vive em bandos de cerca de 20 indivíduos. O **saí-canário** (*Thlypopsis sordida*) e a **saíra-amarela** (*Tangara cayana*) estão entre as espécies da família menos registradas na região, sendo a primeira habitante das clareiras no interior de florestas, suas bordas e áreas de vegetação arbustiva, enquanto a segunda ocupa áreas mais abertas. As outras espécies com poucos registros na região são a **saíra-de-papo-preto** (*Hemithraupis guira*), habitante do interior e bordas das florestas e a **tietinga** (*Cissopis leverianus*), que ocorre também nas zonas arbustivas e áreas abertas com árvores.

Os ninhos dos sanhaçus e saíras geralmente são cestos abertos e bem elaborados colocados na ramagem em diferentes alturas, seja dentro de florestas ou em áreas mais abertas. Também podem construir os ninhos em buracos de árvores. O **saí-andorinha** nidifica em buracos de barrancos, podendo ser na beira de rios, debaixo de pontes ou muros em ruínas.

PAPA-CAPINS

O termo papa-capins é utilizado para as aves do gênero *Sporophila*, pertencentes à família Emberizidae. O bico curto e grosso, uma das características mais diagnósticas do gênero, permite uma alimentação baseada em sementes de gramíneas. O tamanho e a coloração do bico podem, contudo, variar de uma espécie para outra. São aves de pequeno porte, entre 10 e 13 cm, por vezes não chegando a 10 gramas de massa. Apresentam acentuado dimorfismo sexual na coloração, tendo os machos um colorido variado, com padrões de cores bem definidos, predominando o branco, o preto, o cinza e o castanho-avermelhado. As fêmeas quase sempre apresentam coloração pardacenta, bem mais modesta, sendo difícil de distingui-las entre as diferentes espécies.

Todos os filhotes nascem com a coloração parda da mãe e os machos adquirem a coloração característica da espécie após algumas mudas de penas (geralmente três mudas). Em geral, quando ocorre a primeira muda de penas, o filhote macho passa a apresentar manchas da coloração do adulto, num fundo pardo. Este tipo de mecanismo, envolvendo um tempo de permanência de machos imaturos em plumagem diferenciada, protege-os de adultos com territórios estabelecidos. Ocorrem vários casos de hibridação natural ou com a interferência humana, através da alteração ou extinção da paisagem original, possibilitando o contato de populações que viviam separadas. O canto do híbrido pode pertencer a uma ou outra espécie parental, ou ainda ser um misto entre as duas.

O canto agradável e a facilidade de adaptação ao cativeiro fazem com que as espécies deste grupo estejam entre as aves mais cobiçadas pelo comércio clandestino de aves silvestres. A territorialidade exibida durante a época reprodutiva facilita a captura das aves (sobretudo dos machos) por caçadores que se utilizam de "chamas" (aves da mesma espécie, que funcionam como chamariz, em uma gaiola, com alçapão) para atrair as que estão soltas, defendendo seu território contra o que acreditam ser um intruso. A retirada dos indivíduos machos da natureza também favorece o processo de hibridação, pois devido à escassez destes, as fêmeas acabam por cruzarem com machos de outras espécies. São predominantemente granívoros, retirando a semente do próprio colmo de capim ou no solo. Ocasionalmente alimentam-se de insetos, principalmente na época reprodutiva, em função da maior necessidade de proteína para os filhotes.

Por toda a planície alagável do alto rio Paraná, o **coleiro-do-brejo** (*Sporophila collaris*) é uma espécie facilmente encontrada nas áreas brejosas com abundante vegetação arbustiva, sendo um bom imitador das vozes de outras aves que vivem neste hábitat, embora geralmente misture as vocalizações de várias espécies, sendo difícil distinguí-las. O **curió** (*Sporophila angolensis*) também vive neste mesmo tipo de hábitat, porém atualmente só é registrado nas áreas mais remotas da região, longe das cidades e vilarejos. O fato se deve à intensa pressão de captura sofrida pela espécie, devido a esta ser uma das preferidas pelos criadores em função de seu belo canto.

Nas áreas abertas mais afastadas da água, o **coleirinho** (*Sporophila caerulescens*) e o **bigodinho** (*Sporophila lineola*) são as duas espécies do grupo mais comumente registradas, com freqüência agregando-se a outras pequenas espécies granívoras durante o forrageamento. Entretanto, após a época reprodutiva, executam migrações em escala variável e sobre as quais se sabe muito pouco, praticamente não sendo registrados na região durante alguns meses. O **chorão** (*Sporophila leucoptera*) e o **caboclinho** (*Sporophila bouvreuil*) foram registrados apenas esporadicamente, sendo que o primeiro não costuma se aproximar das áreas brejosas e o segundo o faz por vezes. Assim como o **coleiro-do-brejo**, o **chorão** vive aos casais e não costuma se agregar às outras espécies de aves granívoras.

Durante a estação reprodutiva, formam casais e defendem energicamente um território que pode variar de tamanho de uma espécie para outra. O ninho é uma tigela aberta e rala, sendo construído geralmente a pouca altura, mas podendo ainda ser construído a vários metros do chão. Ambos os pais participam da construção do ninho e da criação do filhote, sendo que os machos dedicam-se principalmente a impedir a aproximação de outros machos, através de uma constante vocalização na área. Depois de saírem do ninho, os filhotes ainda são alimentados pelos pais por alguns dias, para só então se tornarem independentes.

CHOPINS, GUAXES, GRAÙNAS E AFINS

São aves pertencentes à família Icteridae, exclusivos do continente americano. O bico cônico, liso e pontiagudo e suas pernas e dedos muito fortes são características típicas do grupo. O negro é a cor predominante na plumagem, havendo em muitas espécies manchas amarelas, laranjas ou vermelhas localizadas geralmente nas coberteiras superiores e médias das asas, embora se estendam por outras partes do corpo em algumas espécies.

A cor da íris, que pode ser amarelada, azul ou vermelha, pode variar entre os sexos e muda com a idade. Em algumas espécies, os sexos apresentam coloração diferente. Naquelas espécies em que machos e fêmeas têm coloração semelhante, normalmente o macho é bem maior. Há algumas espécies muito parecidas vivendo próximas umas as outras, o que pode tornar difícil a identificação, principalmente daquelas totalmente negras.

A voz da maioria das espécies consiste em assovios, podendo compor cantos muito complexos. O **joão-pinto**

(*Icterus croconotus*) e a **graúna** ou **pássaro-preto** (*Gnorimopsar chopi*) estão entre as aves cujo canto é mais apreciado no Brasil, razão pela qual sofrem forte pressão de captura pelos criadores. É comum imitarem vozes de outras aves, inclusive das noturnas, assim como de alguns mamíferos. Em várias espécies a fêmea também canta, mas nem sempre com a mesma desenvoltura dos machos, embora a fêmea do **encontro** ou **melro** (*Icterus cayanensis*) às vezes até supere o macho. O alimento é misto e varia dependendo da época do ano, incluindo néctar, flores, frutos e artrópodes que localizam demonstrando grande habilidade. Exibem uma formidável técnica de localizar comida oculta: a ave introduz seu bico em um substrato, como frutas, brotos, folhas enroladas, flores, favos ou pau podre e depois abre a mandíbula forçando o material, fazendo um buraco, por onde a ave pode inspecionar o seu interior para encontrar uma presa ou chupar o sumo.

Algumas das espécies do grupo são habitantes típicos dos brejos e da vegetação alagada circundante aos corpos d'água da planície alagável do alto rio Paraná, como o **cardeal-do-banhado** (*Amblyramphus holosericeus*), o **carretão** (*Agelasticus cyanopus*), o **garibaldi** (*Chrysomus ruficapillus*) e o **chopim-do-brejo** (*Pseudoleistes guirahuro*), embora o último seja por vezes também registrado em pastagens secas. Nas áreas abertas, a espécie mais comum é o **vira-bosta** ou **chopim** (*Molothrus bonariensis*), normalmente registrado em bandos que variam bastante de tamanho. Muito semelhante a ele e ocupando o mesmo ambiente é o **vira-bosta-picumã** ou **chopim-de-axila-vermelha** (*Molothrus rufoaxillaris*), espécie bem menos comum na região. Outra espécie que pode ser confundida com estas duas por um observador mais desatento é a **graúna**. Entretanto, esta espécie apresenta uma vocalização bastante peculiar, que pode diferenciá-la das demais.

As outras espécies da região típicas das áreas abertas são a **polícia-inglesa-do-sul** (*Sturnella superciliaris*), habitante dos campos úmidos, e a **iraúna-grande** (*Molothrus oryzivorus*), com poucos registros na região, alguns deles em bordas de florestas. O **encontro**, o **joão-pinto** e o **guaxe** (*Cacicus haemorrhous*) habitam principalmente as bordas das florestas, enquanto o **tecelão** (*Cacicus chrysopterus*) vive principalmente no interior destas, sendo a espécie do grupo com menor número de registros na região.

Há grande variação na estratégia reprodutiva dentro deste grupo de aves. O **vira-bosta**, o **vira-bosta-picumã** e a **iraúna-grande** são parasitas de ninho, colocando seus ovos em ninhos de outras aves para que estas os incubem e criem seus filhotes. Mais de 50 espécies de aves já foram registradas sendo parasitadas pelo **vira-bosta**, enquanto os outros dois são mais seletivos, parasitando apenas algumas espécies da própria família. O filhote da ave parasita geralmente se desenvolve mais rápido e pede comida com mais insistência, diminuindo as chances de sobrevivência dos filhotes do hospedeiro.

O **joão-pinto** também não constrói ninhos, apossando-se principalmente daqueles feitos de gravetos por espécies da família Furnariidae, sobretudo do gênero *Phacellodomus*. Porém, diferente das três espécies anteriores, o **joão-pinto** incuba seus ovos e cria os filhotes. As demais espécies do grupo registradas na região constroem seu próprio ninho. O **tecelão**, o **encontro** e o **guaxe** constroem ninhos em forma de uma bolsa pendente em um galho de árvore, muitas vezes às margens de corpos d'água. Nas duas primeiras espécies, o casal nidifica solitariamente, enquanto o **guaxe** nidifica em colônias, onde normalmente todos os casais utilizam uma única árvore. Os ninhos do **carretão**, do **garibaldi** e do **chopim-do-brejo** têm a forma de uma cestinha aberta, funda e bem forrada, podendo ser construídos em forquilhas de arbustos sobre os brejos ou em árvores. O **cardeal-do-banhado** faz um ninho de formato elipsóide, com uma pequena entrada lateral, sendo fixado à vegetação alagada circundante aos corpos d'água, cerca de um metro acima da superfície da água. A **polícia-inglesa-do-sul** constrói uma cestinha aberta, no chão, escondida embaixo do capim, enquanto a **graúna** constrói o ninho entre o emaranhado de folhas de plantas epífitas, em buracos (até mesmo em paredões rochosos) e também utiliza ninhos de joão-de-barro.

6 ESPÉCIES REGISTRADAS

A seguir, são apresentadas as 295 espécies registradas na planície. Dentre as espécies listadas, aquelas que não constavam nos levantamentos anteriores a esta obra para a área de estudo estão sinalizadas com um asterisco (*) e aquelas até então não registradas nem mesmo em áreas adjacentes à planície estão indicadas com dois asteriscos (**). As fotos apresentadas são representativas das espécies, mas não distinguem entre machos, fêmeas, adultos e imaturos.

RHEIDAE

Ema. São substitutas americanas dos avestruzes, não voam, mas são grandes corredores. São gregárias e polígamas. Nidificam no solo, geralmente com muitos ovos de várias fêmeas no mesmo ninho. Pouco dimorfismo sexual. Onívoras. Uma espécie registrada.

Rhea americana

Ema
(Greater Rhea)
Tamanho: 127-180 cm, 20-34 kg
Subsistema: Baía e Ivinhema
Hábitat: várzeas e áreas abertas, preferencialmente com manchas de vegetação mais alta
Alimentação: brotos, raízes, folhas, frutos, sementes, invertebrados e pequenos vertebrados, como cobras, lagartos, anfíbios, aves e roedores

Aves da planície alagável do alto rio Paraná

TINAMIDAE

Codornas, inhambus e perdiz. Aves terrícolas quase sem cauda; voam pouco; muito perseguidas por caçadores. Caminham entre a vegetação e são muito mais ouvidas do que vistas. Ninhos no solo; ovos brilhantes. Sexos semelhantes. Onívoras com predomínio de alimento de origem vegetal. Cinco espécies registradas.

Crypturellus undulatus

Jaó
(Undulated Tinamou)
Tamanho: 27-32 cm, 462-621 g
Subsistema: Ivinhema
Hábitat: zonas arbustivas, interior e bordas de florestas
Alimentação: pequenos frutos, sementes, folhas, brotos e insetos, como grilos, besouros e suas larvas, apanhados no chão

Espécies registradas

Crypturellus parvirostris

Inhambu-chororó
(Small-billed Tinamou)
Tamanho: 19-32 cm, 154-225 g
Subsistema: Paraná e Ivinhema
Hábitat: bordas de florestas, zonas arbustivas e áreas abertas
Alimentação: preferencialmente sementes de gramíneas e plantas leguminosas, mas também folhas, frutos, cupins, formigas e caramujos apanhados no chão

Crypturellus tataupa

Inhambu-chintã
(Tataupa Tinamou)
Tamanho: 24-26,5 cm, 169-298 g
Subsistema: Paraná e Ivinhema
Hábitat: interior e bordas de florestas e zonas arbustivas
Alimentação: insetos, como formigas, outros invertebrados, como gastrópodes, além de sementes e outros materiais vegetais

TINAMIDAE

Rhynchotus rufescens

Perdiz
(Red-winged Tinamou)
Tamanho: 37,5-42 cm, 700-1040 g
Subsistema: Paraná, Baía e Ivinhema
Hábitat: várzeas e áreas abertas
Alimentação: sementes, frutos, raízes, tubérculos, bulbos, alguns vegetais cultivados (mandioca, arroz e amendoim, etc.), artrópodes e moluscos apanhados no chão; às vezes também anfíbios e pequenos répteis

Nothura maculosa

Codorna-amarela
(Spotted Nothura)
Tamanho: 20-27 cm, 162-303 g
Subsistema: Paraná e Ivinhema
Hábitat: várzeas, zonas arbustivas e áreas abertas
Alimentação: sementes, frutos carnosos e invertebrados como formigas, aranhas, grilos, diplópodes, moluscos e crustáceos apanhados no chão

Espécies registradas

ANHIMIDAE

Anhuma e tachã. Corpulentas, lembram grandes galinhas; voam a grandes alturas; vivem em ambientes palustres. Ninhos no solo, em áreas de brejo; põem de dois a três ovos brancos. Machos e fêmeas semelhantes. Onívoras, comem vegetais e pequenos animais. Uma espécie registrada.

Anhima cornuta

Anhuma
(Horned Screamer)
Tamanho: 80-94 cm, 3 kg
Subsistema: Baía e Ivinhema
Hábitat: várzeas alagadas, geralmente próximas aos corpos d'água
Alimentação: folhas, brotos, flores e raízes de plantas aquáticas, com preferência por partes suculentas; em menor proporção, insetos, principalmente para os filhotes

ANATIDAE

Patos e marrecas. Ocupam ambientes aquáticos e são bons nadadores e voadores. Gregários, algumas espécies costumam formar grandes bandos. Estão entre as presas mais atrativas para caçadores. Ninhos sobre as copas ou em ocos de árvores e no solo; ovos brancos, esverdeados ou azulados. Machos e fêmeas com alguma variação na coloração e no tamanho. Predominam alimentos vegetais na dieta. Quatro espécies registradas.

Dendrocygna viduata

Irerê
(White-faced) Whistling-Duck
Tamanho: 38-48 cm, 502-820 g
Subsistema: Paraná, Baía e Ivinhema
Hábitat: ambientes aquáticos e várzeas alagadas
Alimentação: folhas, pequenos frutos, sementes, crustáceos, moluscos e insetos aquáticos apanhados em águas rasas

Espécies registradas

Dendrocygna autumnalis

Asa-branca, marreca-cabocla
(Black-bellied Whistling-Duck)
Tamanho: 38-53 cm, 650-1020 g
Subsistema: Paraná, Baía e Ivinhema
Hábitat: ambientes aquáticos e várzeas alagadas
Alimentação: basicamente folhas de gramíneas e sementes; ocasionalmente moluscos e insetos apanhados em águas rasas

Amazonetta brasiliensis

Pé-vermelho
(Brazilian Teal)
Tamanho: 35-42 cm, 350-480 g
Subsistema: Paraná, Baía e Ivinhema
Hábitat: várzeas alagadas e ambientes aquáticos, especialmente com vegetação marginal baixa e densa
Alimentação: frutos, folhas, sementes, insetos e pequenos crustáceos apanhados entre a vegetação alagada

ANATIDAE

Cairina moschata

Pato-do-mato (Muscovy Duck)
Tamanho: 64-85 cm, 1000-4000 g
Subsistema: Paraná, Baía e Ivinhema
Hábitat: várzeas alagadas e ambientes aquáticos com florestas circundantes
Alimentação: folhas, brotos, raízes e sementes de gramíneas e de plantas aquáticas, insetos, aranhas, moluscos e crustáceos que apanha sobre a água ou através da filtragem da lama do fundo; também peixes, répteis e anfíbios

Espécies registradas

CRACIDAE

Mutuns, jacus e jacutingas. Arborícolas e terrícolas; região da cara e/ou garganta nua e colorida, cauda longa; muito perseguidos por caçadores. Ninhos em árvores, troncos caídos ou ramos sobre a água; ovos brancos. Sexos com cores diferentes em algumas espécies. Onívoros, com dieta incluindo uma grande proporção de frutos. Duas espécies registradas.

Penelope superciliaris

Jacupemba (Rusty-margined Guan)
Tamanho: 55-73 cm, 950-1150 g
Subsistema: Paraná e Ivinhema
Hábitat: interior e bordas de florestas
Alimentação: principalmente frutos, coletados no solo ou na copa das árvores, mas também insetos como besouros, percevejos e lagartas

CRACIDAE 61

Crax fasciolata

Mutum-de-penacho (Bare-faced Curassow)
Tamanho: 75-85 cm, 2200-2800 g
Subsistema: Ivinhema
Hábitat: interior e bordas de florestas, especialmente às margens de rios
Alimentação: vários tipos de frutos, sementes, flores e invertebrados apanhados no chão

Espécies registradas

PHALACROCORACIDAE

Biguás. Ótimos mergulhadores, pescam em grupo ou sozinhos. É comum serem vistos ao sol secando as penas após os mergulhos. Ninhos sobre árvores, normalmente em ninhais com Ciconiiformes. Machos e fêmeas semelhantes, piscívoros. Uma espécie registrada.

Phalacrocorax brasilianus

Biguá
(Neotropic Cormorant)
Tamanho: 63-91 cm, 1370-1800 g
Subsistema: Paraná, Baía e Ivinhema
Hábitat: ambientes aquáticos, principalmente rios
Alimentação: quase exclusivamente peixes, mas também certos crustáceos, anfíbios e répteis apanhados em mergulho

ANHINGIDAE

Biguatinga. Lembra os biguás, mas é mais esguio e com bico mais pontiagudo, por vezes usado como um arpão na captura de peixes. Ninhos sobre árvores; ovos brancos. Machos e fêmeas com alguma diferença na coloração. Piscívoros. Uma espécie registrada.

Anhinga anhinga

Biguatinga (Anhinga)
Tamanho: 66-91 cm, 1350 g
Subsistema: Paraná, Baía e Ivinhema
Hábitat: ambientes aquáticos, preferencialmente águas lentas com margens florestadas
Alimentação: principalmente peixes, mas também anfíbios, répteis, crustáceos e outros invertebrados aquáticos apanhados a partir de poleiros ou em mergulho

ARDEIDAE

Garças e socós. Pescoço longo, em forma de "S" durante o vôo. Aves vagantes, podem ser encontradas em grandes concentrações, desde que haja recursos disponíveis. A grande maioria é associada a ambientes aquáticos, preferencialmente lênticos. Ninhos sobre árvores ou arbustos; algumas espécies se reproduzem em ninhais; ovos esverdeados, verde-azulados ou brancos. Machos e fêmeas semelhantes. Predominantemente piscívoras. Nove espécies registradas.

Tigrisoma lineatum

Socó-boi
(Rufescent Tiger-Heron)
Tamanho: 62-93 cm
Subsistema: Paraná, Baía e Ivinhema
Hábitat: várzeas alagadas e ambientes aquáticos, quase invariavelmente nas margens entre a vegetação densa
Alimentação: peixes, insetos e larvas aquáticas, crustáceos, anfíbios, cobras e até pequenas aves que captura permanecendo imóvel por longos períodos entre a vegetação aquática

Nycticorax nycticorax

Savacu, socó-dorminhoco (Black-crowned Night-Heron)
Tamanho: 47-65 cm, 525-800 g
Subsistema: Paraná, Baía e Ivinhema
Hábitat: ambientes aquáticos, particularmente em locais com margens florestadas
Alimentação: peixes, anfíbios adultos e girinos, tartarugas, lagartos, cobras, insetos e suas larvas, aranhas, crustáceos, sanguessugas, pequenos ratos e morcegos apanhados nas proximidades dos corpos d'água e até mesmo ovos e filhotes de aves capturados geralmente junto a ninhais

Butorides striata

Socozinho (Striated Heron)
Tamanho: 34-48 cm, 135-250 g
Subsistema: Paraná, Baía e Ivinhema
Hábitat: ambientes aquáticos, principalmente sobre macrófitas aquáticas e na vegetação densa das margens dos corpos d'água
Alimentação: pequenos peixes, anfíbios, sanguessugas, insetos, aranhas, moluscos, pequenos répteis e roedores capturados entre a vegetação aquática ou nas proximidades

Espécies registradas

Bubulcus ibis

Garça-vaqueira
(Cattle Egret)
Tamanho: 35-56 cm, 340-390 g
Subsistema: Paraná, Baía e Ivinhema
Hábitat: áreas abertas, principalmente em pastagens junto ao gado; frequentemente formal grandes agregações em ambientes aquáticos para pernoite
Alimentação: principalmente insetos capturados em pastagens junto ao gado, mas também crustáceos, anfíbios adultos e girinos, moluscos, peixes, répteis, pequenas aves e roedores

Ardea cocoi

Garça-moura
(Cocoi Heron)
Tamanho: 75-127 cm, 3,2 kg
Subsistema: Paraná, Baía e Ivinhema
Hábitat: ambientes aquáticos, preferencialmente lênticos e com vegetação circundante
Alimentação: peixes, anfíbios, cobras e invertebrados capturados na água, entre a vegetação aquática ou nas proximidades; esporadicamente, pequenas aves e mamíferos vivos ou mortos

ARDEIDAE

Aves da planície alagável do alto rio Paraná

Ardea alba

Garça-branca-grande
(Great Egret)
Tamanho: 65-104 cm, 700-1500 g
Subsistema: Paraná, Baía e Ivinhema
Hábitat: ambientes aquáticos, preferencialmente lênticos
Alimentação: peixes, anfíbios, répteis, insetos e crustáceos capturados na água, entre a vegetação aquática ou nas proximidades; esporadicamente, pequenas aves e mamíferos

Syrigma sibilatrix

Maria-faceira
(Whistling Heron)
Tamanho: 48-61 cm, 370 g
Subsistema: Paraná, Baía e Ivinhema
Hábitat: preferencialmente várzeas e áreas abertas secas, às vezes em áreas alagadas
Alimentação: artrópodes, como libélulas e larvas de besouro, mas também pequenos vertebrados, como cobras, enguias e anfíbios capturados em áreas abertas secas ou úmidas

ARDEIDAE

Espécies registradas

Pilherodius pileatus

Garça-real
(Capped Heron)
Tamanho: 51-61 cm
Subsistema: Baía e Ivinhema
Hábitat: ambientes aquáticos circundados por florestas
Alimentação: principalmente pequenos peixes e invertebrados aquáticos, mas também anfíbios adultos ou girinos capturados junto aos corpos d'água

Egretta thula

Garça-branca-pequena
(Snowy Egret)
Tamanho: 40-68 cm, 370 g
Subsistema: Paraná, Baía e Ivinhema
Hábitat: ambientes aquáticos, preferencialmente sem vegetação
Alimentação: pequenos peixes, crustáceos, insetos aquáticos, moluscos, anfíbios e cobras capturados normalmente na periferia dos corpos d'água

ARDEIDAE

THRESKIORNITHIDAE

Curicacas, tapicurus e colhereiro. Aves palustres, apresentam bico delgado e curvo ou em forma de colher. Ninhos sobre árvores, às vezes em colônias; ovos de cores variadas. Machos e fêmeas semelhantes. Alimentam-se predominantemente de invertebrados. Quatro espécies registradas.

Mesembrinibis cayennensis

Coró-coró
(Green Ibis)
Tamanho: 47-70 cm, 715-785 g
Subsistema: Paraná, Baía e Ivinhema
Hábitat: ambientes aquáticos com vegetação florestal circundante e bordas de florestas ciliares
Alimentação: insetos, minhocas e algumas plantas apanhados às margens dos corpos d'água

Espécies registradas

Phimosus infuscatus

Tapicuru-de-cara-pelada
(Bare-faced Ibis)
Tamanho: 40-54 cm, 575 g
Subsistema: Paraná
Hábitat: ambientes aquáticos, várzeas alagadas e áreas abertas próximas à água
Alimentação: principalmente insetos, vermes, bivalves e outros invertebrados, mas também sementes apanhados nas praias e margens dos corpos d'água

Theristicus caudatus

Curicaca
(Buff-necked Ibis)
Tamanho: 57-76 cm, 1550 g
Subsistema: Baía e Ivinhema
Hábitat: áreas abertas secas ou úmidas, várzeas e raramente margens dos corpos d'água
Alimentação:
principalmente insetos, mas também aranhas, centopéias, anfíbios, pequenos répteis e mamíferos capturados em áreas abertas secas ou úmidas

THRESKIORNITHIDAE 71

Platalea ajaja

Colhereiro
(Roseate Spoonbill)
Tamanho: 55-90 cm, 1400 g
Subsistema: Paraná, Baía e Ivinhema
Hábitat: ambientes aquáticos, preferencialmente sem vegetação
Alimentação: pequenos peixes e crustáceos (especialmente camarões), besouros aquáticos, moluscos, alguns tipos de fibras vegetais e raízes apanhados em águas rasas abertas

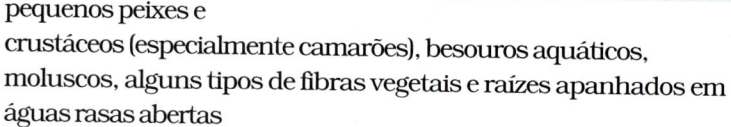

Espécies registradas

CICONIIDAE

Tuiuiú, maguari e cabeça-seca. A cor predominante é o branco; parecem grandes garças, mas, diferente destas, voam com o pescoço esticado; possuem bicos grandes e fortes. Ninhos sobre árvores ou no solo (maguari); ovos brancos. Machos e fêmeas semelhantes. Alimentam-se de invertebrados, peixes e outros vertebrados. Três espécies registradas.

Ciconia maguari

Maguari
(Maguari Stork)
Tamanho: 85-140 cm, 4-4,5 kg
Subsistema: Paraná, Baía e Ivinhema
Hábitat: ambientes aquáticos com vegetação e várzeas alagadas
Alimentação: peixes, anfíbios adultos e girinos, pequenos roedores, cobras e insetos aquáticos apanhados na água, entre a vegetação aquática ou nas proximidades

Jabiru mycteria

Tuiuiú, Jaburu (Jabiru)
Tamanho: 110-160 cm, 8 kg
Subsistema: Paraná, Baía e Ivinhema
Hábitat: ambientes aquáticos e várzeas alagadas
Alimentação: peixes, anfíbios, cobras, tartarugas, aves e pequenos jacarés e mamíferos apanhados na água, entre a vegetação aquática ou nas proximidades

Mycteria americana

Cabeça-seca (Wood Stork)
Tamanho: 65-102 cm, 2-3 kg
Subsistema: Paraná, Baía e Ivinhema
Hábitat: ambientes aquáticos e várzeas alagadas
Alimentação: principalmente peixes, mas também anfíbios, insetos, filhotes de jacaré, pequenas cobras e mamíferos apanhados geralmente na água rasa e sem vegetação

Espécies registradas

CATHARTIDAE

Urubus. Voam a grandes alturas aproveitando as correntes de ar. Gregários, podem formar grandes concentrações em locais com oferta de alimento. Ninhos entre rochas, sob raízes ou sobre árvores; põem de dois a três ovos brancos. Machos e fêmeas semelhantes. Carniceiros. Quatro espécies registradas.

Cathartes aura

Urubu-de-cabeça-vermelha
(Turkey Vulture)
Tamanho: 55-81 cm, 800-2000 g
Subsistema: Paraná, Baía e Ivinhema
Hábitat: várzeas, áreas abertas, zonas arbustivas, bordas de florestas e ambientes aquáticos
Alimentação: principalmente animais mortos em decomposição, mas também pequenos animais vivos e algumas frutas

Cathartes burrovianus

Urubu-de-cabeça-amarela
(Lesser Yellow-headed Vulture)
Tamanho: 51-69 cm, 950-1550 g
Subsistema: Paraná, Baía e Ivinhema
Hábitat: várzeas, áreas abertas, zonas arbustivas, bordas de florestas e ambientes aquáticos
Alimentação: principalmente animais mortos em decomposição, com certa predileção por peixes; também abate pequenos animais

Coragyps atratus

Urubu-de-cabeça-preta
(Black Vulture)
Tamanho: 53-68 cm, 1,1-1,9 kg
Subsistema: Paraná, Baía e Ivinhema
Hábitat: várzeas, áreas abertas, zonas arbustivas, bordas de florestas e margens de ambientes aquáticos
Alimentação: principalmente animais em decomposição, mas também animais vivos incapazes de fugir e ovos

CATHARTIDAE

Espécies registradas

Sarcoramphus papa

Urubu-rei
(King Vulture)
Tamanho: 71-81 cm, 3-3,7 kg
Subsistema: Paraná, Baía e Ivinhema
Hábitat: várzeas, áreas abertas, interior e bordas de florestas
Alimentação: animais mortos em decomposição, especialmente mamíferos

CATHARTIDAE

Aves da planície alagável do alto rio Paraná

PANDIONIDAE

Águia-pescadora. Migrante do hemisfério norte. Solitária, habita grandes rios e lagos, sendo normalmente vista pousada em árvores altas às margens destes. Sexos semelhantes e imaturos sem muita diferenciação do adulto. Piscívora. Uma espécie registrada.

Pandion haliaetus

Águia-pescadora
(Osprey)
Tamanho: 50-63 cm, 1,2-2,0 kg
Subsistema: Paraná, Baía e Ivinhema
Hábitat: ambientes aquáticos, preferencialmente grandes rios e lagos
Alimentação: quase exclusivamente peixes vivos, raramente peixes recentemente mortos e outros animais

ACCIPITRIDAE

Gaviões. Aves de vôo rápido, postura ereta, coloração modesta, bico curto e muito curvo e asas largas; muitos planam como urubus. Ninhos no solo ou em árvores; ovos de cor variada. Sexos semelhantes, fêmeas geralmente maiores do que os machos; imaturos com plumagem bem diferenciada. Predadores de vertebrados e invertebrados. Quatorze espécies registradas.

Elanoides forficatus

Gavião-tesoura (Swallow-tailed Kite)
Tamanho: 56-66 cm, 375 g
Subsistema: Paraná
Hábitat: florestas e ambientes aquáticos com vegetação
Alimentação: principalmente insetos, capturados no ar ou na copa das árvores, mas também pequenos vertebrados, incluindo morcegos, cobras, lagartos, aves (beija-flores) e anfíbios; ocasionalmente frutos

Aves da planície alagável do alto rio Paraná

Gampsonyx swainsonii

Gaviãozinho
(Pearl Kite)
Tamanho: 19-22 cm, 100-113 g
Subsistema: Paraná
Hábitat: áreas abertas e zonas arbustivas com árvores esparsas, junto às margens dos corpos d'água
Alimentação: principalmente lagartos, mas também grandes insetos e pequenas aves apanhados em vôos rápidos a partir de poleiros

Elanus leucurus

Gavião-peneira
(White-tailed Kite)
Tamanho: 35-37 cm, 250-300 g
Subsistema: Baía e Ivinhema
Hábitat: várzeas, áreas abertas e zonas arbustivas
Alimentação: principalmente camundongos e ratos silvestres, mas também outros pequenos mamíferos, aves, lagartos, anfíbios e invertebrados capturados através do método de peneirar

ACCIPITRIDAE

Espécies registradas

Rostrhamus sociabilis

Gavião-caramujeiro
(Snail Kite)
Tamanho: 38-45 cm, 360-393 g
Subsistema: Paraná, Baía e Ivinhema
Hábitat: várzeas alagadas e ambientes aquáticos com vegetação
Alimentação: quase exclusivamente caramujos do gênero *Pomacea*, mas também outros moluscos capturados a partir de poleiros; principalmente na seca, também tartarugas e roedores

Ictinia plumbea

Sovi
(Plumbeous Kite)
Tamanho: 34-37 cm, 190-280 g
Subsistema: Paraná e Ivinhema
Hábitat: interior e bordas de florestas, várzeas, zonas arbustivas e áreas abertas com alguma vegetação arbórea
Alimentação: principalmente insetos capturados em vôo; ocasionalmente cobras, caracóis e pequenas aves

ACCIPITRIDAE

Circus buffoni

Gavião-do-banhado
(Long-winged Harrier)
Tamanho: 48-56 cm, 397-605 g
Subsistema: Ivinhema
Hábitat: várzeas, ambientes aquáticos com vegetação e áreas abertas úmidas
Alimentação: aves, répteis, anfíbios e mamíferos localizados no chão enquanto plana

Accipiter striatus

Gavião-miúdo
(Sharp-shinned Hawk)
Tamanho: 23-34 cm, 144-208 g
Subsistema: Ivinhema
Hábitat: bordas e interior de florestas
Alimentação: quase exclusivamente pequenas aves, mas pode capturar pequenos mamíferos, anfíbios, lagartos e insetos a partir de poleiros

Espécies registradas

Geranospiza caerulescens

Gavião-pernilongo (Crane Hawk)
Tamanho: 43-53 cm, 225-353 g
Subsistema: Paraná
Hábitat: interior e bordas de florestas próximas à água
Alimentação: lagartos, cobras, anfíbios, filhotes de aves e artrópodes grandes, normalmente capturados em árvores

Buteogallus urubitinga

Gavião-preto (Great Black Hawk)
Tamanho: 51-65 cm, 853-1250 g
Subsistema: Paraná, Baía e Ivinhema
Hábitat: ambientes aquáticos com vegetação arbórea circundante, interior e bordas de florestas, várzeas, áreas abertas e zonas arbustivas com árvores esparsas
Alimentação: aves, peixes, roedores, anfíbios, lagartos, cobras e, ocasionalmente frutos

ACCIPITRIDAE

Heterospizias meridionalis

Gavião-caboclo
(Savanna Hawk)
Tamanho: 46-60 cm, 825-1069 g
Subsistema: Baía e Ivinhema
Hábitat: várzeas e bordas de florestas, geralmente próximas aos corpos d'água
Alimentação: grande variedade de pequenos mamíferos, aves, anfíbios, cobras, lagartos e insetos grandes capturados em áreas abertas

***Harpyhaliaetus coronatus*

Águia-cinzenta
(Crowned Eagle)
Tamanho: 62-85 cm, 2,95 kg
Subsistema: Baía
Hábitat: bordas de florestas, várzeas, áreas abertas com manchas de floresta e ambientes aquáticos
Alimentação: presas de médio porte como tatus, furões, roedores (incluindo filhotes de capivaras), répteis, perdizes, codornas e gambás capturados no chão

Espécies registradas

Busarellus nigricollis

Gavião-belo
(Black-collared Hawk)
Tamanho: 45-56 cm, 695-796 g
Subsistema: Paraná, Baía e Ivinhema
Hábitat: ambientes aquáticos com vegetação marginal arbórea
Alimentação: principalmente peixes, mas também insetos aquáticos, caracóis, lagartos e roedores capturados a partir de um poleiro

Rupornis magnirostris

Gavião-carijó
(Roadside Hawk)
Tamanho: 33-41 cm, 251-330 g
Subsistema: Paraná, Baía e Ivinhema
Hábitat: bordas de florestas, áreas abertas e zonas arbustivas
Alimentação: partindo normalmente de um galho a média ou baixa altura, caça principalmente insetos, mas também répteis, anfíbios, peixes, aves e mamíferos de pequeno porte

ACCIPITRIDAE

Buteo brachyurus

Gavião-de-cauda-curta
(Short-tailed Hawk)
Tamanho: 36-46 cm, 450-530 g
Subsistema: Baía
Hábitat: bordas de florestas e zonas arbustivas perto dos corpos d'água
Alimentação: principalmente aves capturadas na copa das árvores; em menor proporção, roedores, lagartos e grandes insetos

Espécies registradas

FALCONIDAE

Falcões. Asas estreitas e afiladas, cauda longa, bico semelhante à Accipitridae, mas com a presença de um falso dente. Vôo rápido. Muitos utilizam ninhos construídos por outras aves, em locais altos; ovos manchados. Fêmeas geralmente maiores do que os machos; imaturos com plumagem bem diferenciada. Predadores de vertebrados e invertebrados. Sete espécies registradas.

Caracara plancus

Caracará
(Southern Caracara)
Tamanho: 49-63 cm, 834-953 g
Subsistema: Paraná, Baía e Ivinhema
Hábitat: interior e bordas de florestas, várzeas, margens de ambientes aquáticos, áreas abertas e zonas arbustivas
Alimentação: principalmente animais mortos em decomposição, mas também captura presas vivas, como tartarugas, filhotes de aves (especialmente em ninhais), lagartos, cobras, minhocas, besouros e larvas apanhados no chão

Aves da planície alagável do alto rio Paraná

Milvago chimachima

Carrapateiro
(Yellow-headed Caracara)
Tamanho: 36-45 cm, 315-335 g
Subsistema: Paraná, Baía e Ivinhema
Hábitat: várzeas, áreas abertas e zonas arbustivas com árvores esparsas
Alimentação: insetos, lagartas, anfíbios adultos e girinos, peixes, filhotes de aves, alguns frutos e animais mortos; pousa sobre o gado ou cavalos para apanhar parasitos

Herpetotheres cachinnans

Acauã
(Laughing Falcon)
Tamanho: 40-53 cm, 567-800 g
Subsistema: Paraná, Baía e Ivinhema
Hábitat: interior e bordas de florestas ralas ou secundárias, áreas abertas e zonas arbustivas
Alimentação: cobras, tanto terrestres como arborícolas, apanhadas normalmente a partir de um galho alto; ocasionalmente roedores, lagartos, aves e peixes

Espécies registradas

Micrastur semitorquatus

Falcão-relógio
(Collared Forest-Falcon)
Tamanho: 46-56 cm, 584-820 g
Subsistema: Paraná e Ivinhema
Hábitat: interior e bordas de florestas
Alimentação: principalmente mamíferos e aves, incluindo espécies de grande porte, como jacus, tucanos e corujas, mas também outros vertebrados, como lagartos, cobras e anfíbios

Falco sparverius

Quiriquiri
(American Kestrel)
Tamanho: 21-31 cm, 80-165 g
Subsistema: Paraná, Baía e Ivinhema
Hábitat: várzeas, áreas abertas, zonas arbustivas e bordas de florestas
Alimentação: principalmente insetos, mas também roedores, aves e répteis capturados a partir de poleiros

FALCONIDAE

Aves da planície alagável do alto rio Paraná

Falco rufigularis

Cauré, falcão-morcegueiro
(Bat Falcon)
Tamanho: 23-29 cm, 108-242 g
Subsistema: Paraná e Ivinhema
Hábitat: áreas arbustivas, interior e bordas de florestas
Alimentação: captura em vôo principalmente morcegos e grandes insetos, incluindo libélulas, besouros, gafanhotos e mariposas, além de pequenas aves

Falco femoralis

Falcão-de-coleira
(Aplomado Falcon)
Tamanho: 33-45 cm, 261-407 g
Subsistema: Paraná e Ivinhema
Hábitat: várzeas, áreas abertas e zonas arbustivas com árvores, além de bordas de florestas
Alimentação: principalmente insetos e roedores, mas também aves, morcegos e lagartos, perseguidos a partir de um poleiro ou em vôo; também caçam peneirando

FALCONIDAE

Espécies registradas

ARAMIDAE

Carão. Ave palustre com bico longo e curvo. Apesar de ter hábitos diurnos, vocaliza constantemente durante a noite. Ninhos em banhados; ovos creme manchados. Sexos com cores semelhantes; fêmea menor. Alimenta-se principalmente de gastrópodes. Uma espécie registrada.

Aramus guarauna

Carão
(Limpkin)
Tamanho: 54-71 cm, 1050-1350 g
Subsistema: Paraná, Baía e Ivinhema
Hábitat: várzeas alagadas e ambientes aquáticos
Alimentação: principalmente gastrópodes do gênero *Pomacea*, mas também outros invertrebados, anfíbios e pequenos répteis capturados na lama ou entre a vegetação alagada

RALLIDAE

Saracuras e frangos d'água. Aves palustres; freqüentemente passam despercebidas na vegetação densa de ambientes aquáticos e voam longas distâncias durante a noite. Várias espécies possuem cauda curta e empinada. Ninhos no solo; ovos de cor bem variada. Sexos semelhantes. Onívoras. Sete espécies registradas.

Aramides cajanea

Saracura-três-potes (Gray-necked Wood-Rail)
Tamanho: 33-40 cm, 350-446 g
Subsistema: Ivinhema
Hábitat: interior e bordas de florestas, principalmente e zonas arbustivas com áreas úmidas.
Alimentação: invertebrados, incluindo moluscos e artrópodes e vertebrados, como anfíbios e cobras, além de sementes e frutos

Espécies registradas

Aramides saracura

Saracura-do-mato (Slaty-breasted Wood-Rail)
Tamanho: 32-38 cm, 540 g
Subsistema: Paraná, Baía e Ivinhema
Hábitat: interior e bordas de florestas, preferencialmente às margens dos corpos d'água
Alimentação: brotos, invertebrados e pequenos vertebrados apanhados no chão, entre as folhas da mata, no brejo ou em água rasa

Porzana albicollis

Sanã-carijó (Ash-throated Crake)
Tamanho: 21-24 cm, 90-114 g
Subsistema: Paraná
Hábitat: ambientes aquáticos com vegetação, várzeas, campos alagados e campos de arroz
Alimentação: insetos e suas larvas, incluindo borboletas, besouros e formigas, além de sementes de gramíneas

RALLIDAE

Pardirallus nigricans

Saracura-sanã
(Blackish Rail)
Tamanho: 24-36 cm, 217 g
Subsistema: Ivinhema
Hábitat: várzeas e ambientes aquáticos com vegetação densa
Alimentação: brotos, artrópodes e pequenos vertebrados capturados entre a vegetação aquática

Gallinula chloropus

Frango-d'água-comum
(Common Moorhen)
Tamanho: 29-40 cm, 172-493 g
Subsistema: Baía e Ivinhema
Hábitat: ambientes aquáticos e várzeas alagadas
Alimentação: brotos, algas, sementes, frutos, moluscos, artrópodes e ocasionalmente pequenos vertebrados capturados caminhando sobre a vegetação aquática densa

Espécies registradas

Porphyrio martinica

Frango-d'água-azul
(Purple Gallinule)
Tamanho: 27-36 cm,
142-305 g
Subsistema: Baía e Ivinhema
Hábitat: várzeas alagadas e ambientes aquáticos com vegetação
Alimentação: principalmente frutos, sementes, flores e outras partes de plantas aquáticas flutuantes e/ou submersas, mas também moscas (larvas e pupas), gastrópodes, besouros, aranhas, anfíbios, ovos e filhotes de aves capturados entre a vegetação aquática

Porphyrio flavirostris

Frango-d'água-pequeno
(Azure Gallinule)
Tamanho: 23-33 cm,
92-111 g
Subsistema: Baía e Ivinhema
Hábitat: várzeas alagadas e ambientes aquáticos, preferencialmente com água relativamente profunda e vegetação flutuante densa
Alimentação: sementes, moluscos e artrópodes apanhados entre a vegetação aquática

RALLIDAE

HELIORNITHIDAE

Picaparra. Lembra os frangos d'água; possui os pés manchados. Habita ambientes aquáticos com vegetação muito densa, sendo de difícil observação. Ninhos em ramos sobre a água; põe dois ovos branco-amarelados. Sexos semelhantes. Predomínio de invertebrados na alimentação. Uma espécie registrada.

Heliornis fulica

Picaparra (Sungrebe)
Tamanho: 23-33 cm, 120-150 g
Subsistema: Baía e Ivinhema
Hábitat: ambientes aquáticos, ao longo das margens dos corpos d'água (principalmente canais), em locais com emaranhado de cipós e galhos sobre a água
Alimentação: principalmente insetos aquáticos (adultos e larvas) ou terrestres que caem na água, mas também crustáceos, anfíbios, pequenos peixes e sementes

Espécies registradas

CARIAMIDAE

Seriema. Ave terrícola, ótima corredora; asas curtas e arredondadas, bico semelhante ao de uma galinha, pescoço, patas e cauda longos. Ninhos sobre árvores; põe de 2 a 4 ovos brancos, ligeiramente rosados. Predomínio de pequenos animais na alimentação. Uma espécie registrada.

Cariama cristata

Seriema
(Red-legged Seriema)
Tamanho: 70-95 cm, 1,5 kg
Subsistema: Paraná, Baía e Ivinhema
Hábitat: várzeas secas, áreas abertas e zonas arbustivas
Alimentação: gastrópodes, besouros, formigas, aranhas, larvas, lagartos, cobras e roedores, além de frutos apanhados no chão e filhotes de outras aves

CHARADRIIDAE

Quero-queros e batuíras. Aves muito conhecidas por seus gritos de alarme com a aproximação de pessoas. Vivem geralmente aos pares, mas podem formar grandes grupos, especialmente durante os movimentos migratórios. Apesar de serem bons voadores, passam a maior parte do tempo no solo. Nidificam no solo; ovos manchados e camuflados no ambiente. Sexos semelhantes. Comem invertebrados. Duas espécies registradas.

Vanellus chilensis

Quero-quero (Southern Lapwing)
Tamanho: 31-40 cm, 280-425 g
Subsistema: Paraná Baía e Ivinhema
Hábitat: áreas abertas secas ou às margens dos corpos d'água
Alimentação: insetos, minhocas e larvas apanhados no chão, além de peixes pequenos apanhados em águas rasas

Espécies registradas

Charadrius collaris

Batuíra-de-coleira
(Collared Plover)
Tamanho: 13-16 cm, 26-31 g
Subsistema: Paraná
Hábitat: ambientes aquáticos lamacentos, mais tipicamente sobre bancos de areia na periferia de ilhas
Alimentação:
besouros, larvas, libélulas, formigas, minhocas, caracóis, camarões e sementes capturados caminhando no chão

CHARADRIIDAE

RECURVIROSTRIDAE

Pernilongos. Pernas e bico longos. Podem ser encontrados sozinhos, aos pares ou mesmo em bandos em ambientes aquáticos. Ninhos em brejos; ovos esbranquiçados. Sexos semelhantes; imaturos pardos. Alimentam-se principalmente de invertebrados. Uma espécie registrada.

Himantopus melanurus

Pernilongo-de-costas-brancas
(White-backed Stilt)
Tamanho: 34-42 cm, 166-205 g
Subsistema: Paraná e Baía
Hábitat: ambientes aquáticos lamacentos, tipicamente sobre bancos de areia na periferia de ilhas
Alimentação: apanha besouros, libélulas, borboletas, mariposas, gastrópodes, bivalves, aranhas, minhocas, peixes pequenos e seus ovos na região marginal dos corpos d'água

Espécies registradas

SCOLOPACIDAE

Maçaricos e narcejas. Migrantes de longa distância, exceto as narcejas. Pernas relativamente longas e bico longo, usado para a captura de invertebrados sob a lama. Sexos semelhantes. Alimentam-se de invertebrados aquáticos. Quatro espécies registradas.

Gallinago paraguaiae

Narceja (South American Snipe)
Tamanho: 23-30 cm, 77-181 g
Subsistema: Baía
Hábitat: várzeas alagadas e ambientes aquáticos, preferencialmente em áreas com água parada e solo encharcado rico em matéria orgânica
Alimentação: larvas e insetos adultos, minhocas, crustáceos, gastrópodes, aranhas e, em menor quantidade, fibras vegetais e sementes apanhados em solo úmido ou encharcado

Tringa flavipes

Maçarico-de-perna-amarela
(Lesser Yellowlegs)
Tamanho: 23-28 cm, 48-114 g
Subsistema: Paraná
Hábitat: ambientes aquáticos, comumente sobre bancos de areia na periferia de ilhas e em lagoas rasas
Alimentação: besouros adultos e larvas, ovos e larvas de mosquitos, caracóis, aranhas, crustáceos, minhocas e peixes pequenos capturados caminhando no chão ou na água rasa

Tringa solitaria

Maçarico-solitário
(Solitary Sandpiper)
Tamanho: 18-30 cm, 38-69 g
Subsistema: Paraná
Hábitat: ambientes aquáticos, comumente sobre bancos de areia na periferia de ilhas e em lagoas rasas
Alimentação: insetos aquáticos e suas larvas, crustáceos, aranhas, gafanhotos e pequenos anfíbios capturados caminhando no chão ou na água rasa

SCOLOPACIDAE

Espécies registradas

Calidris fuscicollis

Maçarico-de-sobre-branco
(White-rumped Sandpiper)
Tamanho: 15-19 cm, 35 g
Subsistema: Baía
Hábitat: ambientes aquáticos lamacentos, bancos de areia e às vezes áreas abertas secas
Alimentação: invertebrados, como grilos, besouros e suas larvas, aranhas, moluscos e crustáceos capturados caminhando no chão ou na água rasa

JACANIDAE

Jaçanã. Possui dedos e unhas muito grandes, o que permite que a ave caminhe sobre a vegetação aquática flutuante. Bico curto com escudete, asas arredondadas com esporão, cauda curta. Ninhos sobre plantas aquáticas; põe até 4 ovos castanho-amarelados. Predominantemente insetívora. Uma espécie registrada.

Jacana jacana

Jaçanã, cafezinho (Wattled Jacana)
Tamanho: 21-25 cm, 89-150 g
Subsistema: Paraná, Baía e Ivinhema
Hábitat: ambientes aquáticos com macrófitas aquáticas flutuantes
Alimentação: insetos e outros invertebrados que vivem sobre as macrófitas aquáticas; ocasionalmente, peixes muito pequenos e grãos

Espécies registradas

STERNIDAE

Trinta-réis. Asas longas, pernas curtas e dedos unidos por membranas natatórias. Apenas duas espécies brasileiras freqüentemente são encontradas em grandes rios no interior, as demais na costa e ilhas oceânicas. Ninhos no solo, em praias ou na vegetação rasteira, ovos pouco brilhantes. Sexos semelhantes, coloração muda conforme a época do ano, comem invertebrados e vertebrados pequenos. Duas espécies registradas.

Sternula superciliaris

Trinta-réis-anão (Yellow-billed Tern)
Tamanho: 22-25 cm, 40-57 g
Subsistema: Paraná, Baía e Ivinhema
Hábitat: ambientes aquáticos, preferencialmente grandes rios
Alimentação: peixes pequenos, camarões e insetos capturados através de mergulhos a partir do ar

Phaetusa simplex

Trinta-réis-grande
(Large-billed Tern)
Tamanho: 36-43 cm, 208-247 g
Subsistema: Paraná, Baía e Ivinhema
Hábitat: ambientes aquáticos, preferencialmente grandes rios
Alimentação: principalmente peixes, mas também insetos capturados através de mergulhos a partir do ar

Espécies registradas

RYNCHOPIDAE

Talha-mar. Habita ambientes aquáticos; possui bico altamente adaptado para capturar peixes miúdos e camarões que ficam próximos à superfície. Nidifica em buracos na areia; põe de 2 a 3 ovos manchados. Sexos semelhantes. Piscívoro. Uma espécie registrada.

Rynchops niger

Talha-mar
(Black Skimmer)
Tamanho: 40-50 cm, 308-374 g
Subsistema: Paraná
Hábitat: ambientes aquáticos, preferencialmente grandes rios
Alimentação: principalmente peixes, mas também alguns crustáceos, especialmente camarões capturados em vôos rasantes sobre a água

COLUMBIDAE

Pombas, rolinhas e juritis. Grupo com morfologia homogênea: bico pequeno, corpo robusto, cabeça redonda e pequena em relação ao corpo. Muito caçadas em algumas regiões em função de sua carne. Ninhos em árvores, arbustos ou no solo; geralmente põem 2 ovos brancos. Sexos semelhantes. Predominantemente granívoras e/ou frugívoras. Onze espécies registradas.

Columbina minuta

Rolinha-de-asa-canela (Plain-breasted Ground-Dove)
Tamanho: 14-16 cm, 26-42 g
Subsistema: Ivinhema
Hábitat: áreas abertas e zonas arbustivas, preferencialmente em locais bem secos
Alimentação: sementes de gramíneas apanhadas no chão

Espécies registradas

Columbina talpacoti

Rolinha-roxa
(Ruddy Ground-Dove)
Tamanho: 15-18 cm, 35-56 g
Subsistema: Paraná, Baía e Ivinhema
Hábitat: bordas de florestas, várzeas, áreas abertas e zonas arbustivas
Alimentação: sementes de gramíneas, grãos, frutas e ocasionalmente pequenos invertebrados apanhados no chão

Columbina squammata

Fogo-apagou
(Scaled Dove)
Tamanho: 18-22 cm, 40-60 g
Subsistema: Paraná, Baía e Ivinhema
Hábitat: áreas abertas e zonas arbustivas
Alimentação: sementes de gramíneas e, ocasionalmente invertebrados apanhados no chão

COLUMBIDAE

Columbina picui

Rolinha-picui
(Picui Ground-Dove)
Tamanho: 15-18 cm, 45-59 g
Subsistema: Paraná, Baía e Ivinhema
Hábitat: bordas de florestas, zonas arbustivas e áreas abertas
Alimentação: apanha no chão sementes de gramíneas, incluindo algumas cultivadas

Claravis pretiosa

Pararu-azul
(Blue Ground-Dove)
Tamanho: 18-23 cm, 52-77 g
Subsistema: Paraná e Ivinhema
Hábitat: interior e bordas de florestas
Alimentação: sementes e pequenos insetos capturados no solo

COLUMBIDAE

Espécies registradas

Patagioenas picazuro

Pombão, asa-branca
(Picazuro Pigeon)
Tamanho: 34-36 cm, 402 g
Subsistema: Paraná, Baía e Ivinhema
Hábitat: zonas arbustivas, áreas abertas, interior e bordas de florestas
Alimentação: apanha no chão ou nas árvores, frutos, sementes, brotos, folhas jovens e pequenos insetos

Patagioenas cayennensis

Pomba-galega
(Pale-vented Pigeon)
Tamanho: 25-32 cm, 167-262 g
Subsistema: Paraná, Baía e Ivinhema
Hábitat: interior e bordas de florestas (preferencialmente secundárias), zonas arbustivas e áreas abertas com árvores esparsas
Alimentação: frutos pequenos e sementes apanhados no solo ou nas árvores

COLUMBIDAE

Aves da planície alagável do alto rio Paraná

Zenaida auriculata

Pomba-de-bando, pomba-amargosinha, avoante
(Eared Dove)
Tamanho: 20-28 cm, 95-125 g
Subsistema: Paraná, Baía e Ivinhema
Hábitat: bordas de florestas, zonas arbustivas e áreas abertas
Alimentação: apanha no chão, sementes de gramíneas, incluindo várias cultivadas

Leptotila verreauxi

Juriti-pupu
(White-tipped Dove)
Tamanho: 23-30 cm, 96-157 g
Subsistema: Paraná, Baía e Ivinhema
Hábitat: zonas arbustivas, interior e bordas de florestas
Alimentação: sementes, insetos, lagartas e pequenos frutos apanhados no solo

Espécies registradas

Leptotila rufaxilla

Juriti-gemedeira
(Gray-fronted Dove)
Tamanho: 25-28 cm, 115-183 g
Subsistema: Paraná, Baía e Ivinhema
Hábitat: interior e bordas de florestas, especialmente as ciliares e várzeas com manchas de mata, evitando hábitats muito secos
Alimentação: sementes, insetos, lagartas e pequenos frutos apanhados no solo

**Geotrygon montana*

Pariri
(Ruddy Quail-dove)
Tamanho: 19-28 cm, 85-152 g
Subsistema: Paraná e Ivinhema
Hábitat: interior de florestas
Alimentação: principalmente sementes e frutos apanhados no chão, mas também pequenos invertebrados

COLUMBIDAE

PSITTACIDAE

Araras, papagaios e periquitos. Grupo de morfologia semelhante, principalmente a cabeça. Algumas espécies muito perseguidas pelo tráfico de animais silvestres; possuem vocalização forte. Ninhos em troncos ocos de árvores, incluindo palmeiras; ovos brancos. Machos e fêmeas muito semelhantes. Frugívoros. Onze espécies registradas.

Ara ararauna

Arara-canindé (Blue-and-yellow Macaw)
Tamanho: 80-86 cm, 995-1380 g
Subsistema: Baía e Ivinhema
Hábitat: florestas, principalmente daquelas com a presença de buritis (*Mauritia* sp.) e áreas semi-abertas
Alimentação: frutos, sementes, folhas, flores, brotos, coquinhos e néctar apanhados em árvores

Espécies registradas

Ara chloropterus

Arara-vermelha-grande
(Red-and-green Macaw)
Tamanho: 78-95 cm,
1,05-1,71 kg
Subsistema: Paraná, Baía e Ivinhema
Hábitat: interior e bordas de florestas
Alimentação: frutos, sementes, folhas, flores, brotos, coquinhos e néctar apanhados em árvores

**Orthopsittaca manilata*

Maracanã-do-buriti
(Red-bellied Macaw)
Tamanho: 44-51 cm, 292-390 g
Subsistema: Baía
Hábitat: florestas ricas em buritis (*Mauritia* sp.)
Alimentação: quase exclusivamente frutos do buriti, mas também outros coquinhos

PSITTACIDAE

Aves da planície alagável do alto rio Paraná

Primolius maracana

Maracanã-verdadeira
(Blue-winged Macaw)
Tamanho: 36-43 cm, 246-266 g
Subsistema: Paraná, Baía e Ivinhema
Hábitat: interior e bordas de florestas, áreas abertas e zonas arbustivas com árvores
Alimentação: frutos e coquinhos apanhados em árvores

Aratinga leucophthalma

Periquitão-maracanã
(White-eyed Parakeet)
Tamanho: 30-36 cm, 100-218 g
Subsistema: Paraná, Baía e Ivinhema
Hábitat: interior e bordas de florestas, várzeas, áreas abertas e zonas arbustivas com árvores
Alimentação: frutos, sementes, coquinhos e outras partes de vegetais apanhados em árvores

Espécies registradas

Aratinga aurea

Periquito-rei
(Peach-fronted Parakeet)
Tamanho: 23-28 cm, 74-94 g
Subsistema: Paraná, Baía e Ivinhema
Hábitat: áreas abertas, zonas arbustivas e várzeas secas com árvores, além de bordas de florestas
Alimentação: frutos, folhas, brotos, sementes, larvas, besouros e outros invertebrados apanhados em árvores

Pyrrhura frontalis

Tiriba-de-testa-vermelha
(Maroon-bellied Parakeet)
Tamanho: 24-28 cm, 72-94 g
Subsistema: Paraná e Ivinhema
Hábitat: interior e bordas de florestas
Alimentação: frutos, sementes e coquinhos, além de flores e larvas de insetos

Forpus xanthopterygius

Tuim
(Blue-winged Parrotlet)
Tamanho: 10-13 cm, 30 g
Subsistema: Paraná, Baía e Ivinhema
Hábitat: bordas de florestas, áreas abertas e zonas arbustivas com árvores
Alimentação: principalmente frutos e sementes em vegetação secundária, incluindo sementes de gramíneas e cecrópia apanhados na vegetação ou no chão

Brotogeris chiriri

Periquito-de-encontro-amarelo
(Yellow-chevroned Parakeet)
Tamanho: 20-23,5 cm, 52-68 g
Subsistema: Paraná e Ivinhema
Hábitat: várzeas, bordas e interior de florestas
Alimentação: flores, sementes e frutos; freqüentemente visita pomares

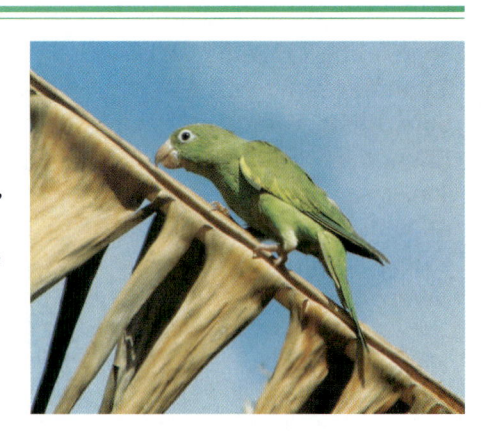

Espécies registradas

Pionus maximiliani

Maitaca-verde
(Scaly-headed Parrot)
Tamanho: 25-30 cm, 233-293 g
Subsistema: Paraná e Ivinhema
Hábitat: interior e bordas de florestas
Alimentação: frutas, sementes, brotos, folhas, flores, néctar e coquinhos apanhados em árvores

Amazona aestiva

Papagaio-verdadeiro
(Blue-fronted Parrot)
Tamanho: 35-38 cm, 400 g
Subsistema: Paraná, Baía e Ivinhema
Hábitat: interior e bordas de florestas, várzeas, áreas abertas e zonas arbustivas com árvores altas
Alimentação: frutas, sementes, brotos, folhas, flores, néctar e coquinhos apanhados em árvores

PSITTACIDAE 119

CUCULIDAE

Alma-de-gato, papa-lagartas, saci e anus. Possuem cauda longa e, ás vezes, graduada; são muito ágeis ao deslocarem-se no meio da ramaria e algumas espécies vivem em grupos sociais complexos. Alguns são parasitas de ninhos de outras aves, outras têm ninhos coletivos ou individuais; ovos de cores variadas. Sexos semelhantes. Predominantemente insetívoros. Oito espécies registradas.

*Coccyzus americanus

Papa-lagarta-de-asa-vermelha
(Yellow-billed Cuckoo)
Tamanho: 26-32 cm, 30-110 g
Subsistema: Paraná e Ivinhema
Hábitat: zonas arbustivas, interior e bordas de florestas, especialmente das ciliares
Alimentação: lagartas, besouros, gafanhotos, grilos, cigarras, lagartos pequenos, anfíbios, ovos, filhotes de outras aves e frutos apanhados no meio da vegetação densa

Espécies registradas

Coccyzus melacoryphus

Papa-lagarta-acanelado
(Dark-billed Cuckoo)
Tamanho: 26-30 cm, 50 g
Subsistema: Paraná e Ivinhema
Hábitat: zonas arbustivas, interior e bordas de florestas
Alimentação: lagartas, besouros, grilos, gafanhotos e outros invertebrados apanhados no meio da folhagem

Piaya cayana

Alma-de-gato
(Squirrel Cuckoo)
Tamanho: 45-47 cm, 98 g
Subsistema: Paraná, Baía e Ivinhema
Hábitat: interior e bordas de florestas, zonas arbustivas e áreas abertas com manchas de vegetação mais alta
Alimentação: insetos, lagartas, grilos, gafanhotos, besouros, formigas, traças, anfíbios e répteis pequenos capturados entre a vegetação

CUCULIDAE

Crotophaga major

Anu-coroca
(Greater Ani)
Tamanho: 41-46 cm, 145-162 g
Subsistema: Paraná, Baía e Ivinhema
Hábitat: várzeas e bordas de florestas, sempre às margens dos corpos d'água com vegetação densa
Alimentação: apanham entre a vegetação gafanhotos, grilos, besouros, aranhas, pequenos lagartos e anfíbios, além de frutos e sementes ocasionalmente consumidos

Crotophaga ani

Anu-preto
(Smooth-billed Ani)
Tamanho: 32-36 cm, 95-115 g
Subsistema: Paraná, Baía e Ivinhema
Hábitat: bordas de florestas, várzeas, zonas arbustivas e áreas abertas
Alimentação: apanham no chão ou entre arbustos grilos, gafanhotos, besouros, vaga-lumes, vespas e pequenos vertebrados, incluindo lagartos, cobras, anfíbios, ovos e filhotes de aves

Espécies registradas

Guira guira

Anu-branco
(Guira Cuckoo)
Tamanho: 35-40 cm, 140-143 g
Subsistema: Paraná, Baía e Ivinhema
Hábitat: áreas abertas e zonas arbustivas, preferencialmente secas
Alimentação: grilos e gafanhotos, além de pequenos lagartos, cobras, camundongos, ratos e filhotes de outras aves capturados em áreas abertas e semi-abertas

Tapera naevia

Saci, peixe-frito
(Striped Cuckoo)
Tamanho: 26-30 cm, 52 g
Subsistema: Paraná, Baía e Ivinhema
Hábitat: bordas de florestas e zonas arbustivas densas, especialmente próximo aos corpos d'água
Alimentação: grilos, gafanhotos e lagartas capturados entre a vegetação densa

CUCULIDAE

Dromococcyx pavoninus

Peixe-frito-pavonino
(Pavonine Cuckoo)
Tamanho: 25-28,5 cm, 48 g
Subsistema: Paraná e Ivinhema
Hábitat: interior e bordas de florestas
Alimentação: grilos, gafanhotos, besouros, vaga-lumes, vespas e pequenos vertebrados, como anfíbios, lagartos e cobras capturados entre a vegetação densa

Espécies registradas

TYTONIDAE

Corujas-de-igreja. De porte médio a grande, apresentam disco facial no formato característico de "coração", plumagem macia e densa e olhos relativamente menores que as demais corujas. Atividade principalmente noturna. Vôo silencioso. Ninhos em ocos ou cavidades no solo. Carnívoras. Uma espécie registrada.

Tyto alba

Coruja-da-igreja, suindara (Barn Owl)
Tamanho: 29-44 cm, 187-700 g
Subsistema: Ivinhema
Hábitat: bordas de florestas, zonas arbustivas e áreas abertas
Alimentação: pequenos mamíferos, principalmente roedores, mas também aves, lagartos, cobras, anfíbios, pequenos peixes e artrópodes, como insetos grandes, aranhas e escorpiões

STRIGIDAE

Corujas e caburés. Aves noturnas, com raras exceções. A estrutura da sua plumagem permite um vôo extremamente silencioso, o que, somado a grande capacidade auditiva e visual, faz destas aves caçadoras muito eficientes. Nidificam em ninhos abandonados de outras aves, árvores ocas ou no solo; ovos brancos. Sexos semelhantes. Alimentam-se de invertebrados e pequenos vertebrados. Seis espécies registradas.

Megascops choliba

Corujinha-do-mato
(Tropical Screech Owl)
Tamanho: 20-25 cm, 97-160 g
Subsistema: Paraná e Ivinhema
Hábitat: bordas de florestas, áreas abertas e zonas arbustivas com vegetação arbórea
Alimentação: captura a partir de poleiros grilos grandes, gafanhotos, besouros, aranhas, escorpiões e minhocas, além de pequenas cobras, morcegos e ratos ocasionalmente

Espécies registradas

Pulsatrix koeniswaldiana

Murucututu-de-barriga-amarela
(Tawny-browed Owl)
Tamanho: 44 cm
Subsistema: Ivinhema
Hábitat: interior e bordas de florestas
Alimentação: pequenos vertebrados, incluindo mamíferos e aves, além de grandes insetos

Glaucidium minutissimum

Caburé-miudinho
(Least Pygmy-Owl)
Tamanho: 14-15 cm
Subsistema: Paraná
Hábitat: interior e bordas de florestas
Alimentação: grandes insetos e pequenos mamíferos e aves

STRIGIDAE 127

Glaucidium brasilianum

Caburé
(Ferruginous Pygmy-Owl)
Tamanho: 15-19 cm, 46-90 g
Subsistema: Paraná e Ivinhema
Hábitat: interior e bordas de florestas, zonas arbustivas com árvores
Alimentação: principalmente insetos e outros artrópodes, incluindo grilos e escorpiões, mas também lagartos, aves, mamíferos e anfíbios

Athene cunicularia

Coruja-buraqueira
(Burrowing Owl)
Tamanho: 19-26 cm, 130-250 g
Subsistema: Paraná, Baía e Ivinhema
Hábitat: áreas abertas
Alimentação: artrópodes, anfíbios, répteis e mamíferos pequenos apanhados no chão

STRIGIDAE

Espécies registradas

Rhinoptynx clamator

Coruja-orelhuda
(Striped Owl)
Tamanho: 36-40 cm, 320-500 g
Subsistema: Ivinhema
Hábitat: bordas de florestas, zonas arbustivas e áreas abertas com árvores
Alimentação: principalmente pequenos mamíferos (preferencialmente roedores), aves e répteis, além de grandes insetos, como gafanhotos

NYCTIBIIDAE

Urutaus. Aves noturnas famosas por suas vocalizações melancólicas. Suas camuflagens estão entre as mais impressionantes da natureza: durante o dia pousam eretas na extremidade de um galho quebrado, dando a impressão que são um prolongamento deste. Nidificam em cavidades formadas pela decomposição da madeira na extremidade de um galho quebrado; põem um ovo salpicado. Insetívoras. Uma espécie registrada.

Nyctibius griseus

Mãe-da-lua, urutau
(Common Potoo)
Tamanho: 33-38 cm, 145-202 g
Subsistema: Paraná
Hábitat: bordas de florestas, áreas abertas e zonas arbustivas
Alimentação: besouros, traças, cigarras, gafanhotos, mariposas, cupins e formigas voadoras capturados em vôo, a partir de um poleiro

Espécies registradas

CAPRIMULGIDAE

Bacuraus e curiangos. Aves em geral noturnas; capturam insetos em vôo. Possuem camuflagem especializada, passando o dia pousados no chão ou em galhos de árvores. Põem dois ovos salpicados, em algumas espécies, diretamente no solo. Sexos parecidos. Insetívoras. Seis espécies registradas.

Lurocalis semitorquatus

Tuju
(Short-tailed Nighthawk)
Tamanho: 19-29 cm, 79-89 g
Subsistema: Paraná e Ivinhema
Hábitat: interior e bordas de florestas
Alimentação: insetos, incluindo mariposas e besouros, apanhados em vôo

CAPRIMULGIDAE 131

Podager nacunda

Corucão
(Nacunda Nighthawk)
Tamanho: 27,5-32 cm, 124-205 g
Subsistema: Paraná
Hábitat: bordas de florestas, zonas arbustivas, várzeas e áreas abertas
Alimentação: grande variedade ed insetos voadores, incluindo besouros, gafanhotos e mariposas apanhados em vôos sobre áreas abertas e corpos d'água, como rios e represas

Nyctidromus albicollis

Bacurau, curiango, amanhã-eu-vou (Pauraque)
Tamanho: 22-30 cm, 43-90 g
Subsistema: Paraná, Baía e Ivinhema
Hábitat: bordas de florestas, frequentemente ciliares, várzeas, áreas abertas e zonas arbustivas
Alimentação: besouros, borboletas, traças, abelhas, vespas, formigas, grilos e gafanhotos apanhados no ar em vôos a partir do solo

Espécies registradas

Caprimulgus rufus

João-corta-pau
(Rufous Nightjar)
Tamanho: 25-30 cm,
88-98 g
Subsistema: Ivinhema
Hábitat: interior e
bordas de florestas
Alimentação: insetos
capturados a partir de
poleiros baixos

Caprimulgus parvulus

Bacurau-chintã
(Little Nightjar)
Tamanho: 18-21 cm,
25-46 g
Subsistema: Paraná e
Ivinhema
Hábitat: bordas de
florestas, áreas abertas
e zonas arbustivas
Alimentação:
besouros, borboletas,
traças, abelhas,
vespas, formigas, grilos e gafanhotos apanhados no ar em vôos a partir do solo

CAPRIMULGIDAE

Hydropsalis torquata

Bacurau-tesoura (Scissor-tailed Nightjar)
Tamanho: 25-30 cm, 47-75g
Subsistema: Ivinhema
Hábitat: bordas de florestas, zonas arbustivas e áreas abertas com vegetação esparsa
Alimentação: insetos, provavelmente capturados de forma semelhante à espécie anterior

Espécies registradas

APODIDAE

Andorinhões. Freqüentemente confundidos com as andorinhas, das quais são parentes muito distantes. Possuem asas longas, estreitas e duras; são voadores excepcionais e quase não pousam durante o dia. Algumas espécies são comumente registradas em paredões rochosos e cachoeiras, onde podem ser encontradas às centenas e até milhares. Ninhos em paredões e escarpas rochosas ou em palmeiras; põem ovos brancos. Sexos semelhantes. Insetívoros. Duas espécies registradas.

Streptoprocne zonaris

Taperuçu-de-coleira-branca
(White-collared Swift)
Tamanho: 20-22 cm, 104 g
Subsistema: Ivinhema
Hábitat: áreas abertas, zonas arbustivas e bordas de florestas, frequentemente junto a penhascos às margens dos rios
Alimentação: insetos voadores de diversos grupos, como mosquitos, besouros, borboletas, formigas e cupins capturados em vôo

**Tachornis squamata*

Tesourinha, andorinhão-do-buriti (Fork-tailed Palm-Swift)
Tamanho: 13 cm, 12 g
Subsistema: Baía
Hábitat: florestas com palmeiras (frequentemente buritizais), florestas riparias e zonas arbustivas.
Alimentação: insetos capturados no ar

TROCHILIDAE

Beija-flores. Possuem colorido iridescente; têm grande capacidade de deslocamento em qualquer direção. São importantes polinizadores de muitas espécies de plantas. Ninhos em árvores ou arbustos; põem 2 ovos brancos. Sexos com cores bem diferentes em algumas espécies. Predominatemente nectarívoros. Oito espécies registradas.

Phaethornis pretrei

Rabo-branco-acanelado
(Planalto Hermit)
Tamanho: 12-15 cm, 4-5,5 g
Subsistema: Paraná, Baía e Ivinhema
Hábitat: zonas arbustivas e bordas de florestas, principalmente as ciliares
Alimentação: principalmente néctar, mas também artrópodes pequenos capturados no ar, na vegetação ou em teias de aranhas

**Eupetomena macroura

Beija-flor-tesoura (Swallow-tailed Hummingbird)
Tamanho: 15-18 cm, 6-9 g
Subsistema: Paraná e Ivinhema
Hábitat: bordas de floresta, várzeas, áreas abertas e zonas arbustivas
Alimentação: principalmente néctar, mas também artrópodes pequenos capturados no ar, na vegetação ou em teias de aranhas

**Florisuga fusca

Beija-flor-preto (Black Jacobin)
amanho: 9-13 cm, 7-9 g
Subsistema: Paraná e Ivinhema
Hábitat: bordas de floresta, zonas arbustivas e áreas abertas
Alimentação: principalmente néctar, mas também artrópodes pequenos capturados no ar, na vegetação ou em teias de aranhas

Espécies registradas

Anthracothorax nigricollis

Beija-flor-de-veste-preta
(Black-throated Mango)
Tamanho: 9-12 cm, 6-9 g
Subsistema: Paraná e Ivinhema
Hábitat: zonas arbustivas e bordas de florestas
Alimentação: néctar principalmente de árvores altas e trepadeiras, mas também outras flores ; também captura insetos voadores pequenos, muitas vezes acima da copa das árvores

Chlorostilbon lucidus

Besourinho-de-bico-vermelho
(Glittering-bellied Emerald)
Tamanho: 7-10,5 cm, 3,5-4,5 g
Subsistema: Paraná e Ivinhema
Hábitat: várzeas, áreas abertas, zonas arbustivas e bordas de florestas
Alimentação: néctar de diversas flores, além de artrópodes pequenos

TROCHILIDAE

Thalurania glaucopis

Beija-flor-de-fronte-violeta
(Violet-capped Woodnymph)
Tamanho: 8-12 cm, 4-5 g
Subsistema: Paraná
Hábitat: zonas arbustivas, interior e bordas de florestas
Alimentação: principalmente néctar, mas também artrópodes pequenos capturados no ar, na vegetação ou em teias de aranhas

Hylocharis chrysura

Beija-flor-dourado
(Gilded Hummingbird)
Tamanho: 8-10,5 cm, 4-4,6 g
Subsistema: Paraná, Baía e Ivinhema
Hábitat: bordas de florestas, várzeas, áreas abertas e zonas arbustivas
Alimentação: principalmente néctar, mas também artrópodes pequenos capturados no ar, na vegetação ou em teias de aranhas

Espécies registradas

Polytmus guainumbi

Beija-flor-de-bico-curvo
(White-tailed Goldenthroat)
Tamanho: 8-11 cm, 4,5-5 g
Subsistema: Ivinhema
Hábitat: várzeas, zonas arbustivas e áreas abertas perto da água
Alimentação:
principalmente néctar, mas também artrópodes pequenos

TROGONIDAE

Surucuás. Possuem plumagem colorida e exuberante, cauda longa e graduada. Geralmente solitários ou aos casais. Ninhos em ocos de árvores, cupinzeiros ou vespeiros abandonados; põem de 2 a 4 ovos brancos, amarelos ou azulados. Sexos com alguma diferença na coloração. Onívoros. Duas espécies registradas.

Trogon surrucura

Surucuá-variado (Surucua Trogon)
Tamanho: 24-26 cm, 73 g
Subsistema: Paraná, Baía e Ivinhema
Hábitat: interior e bordas de florestas
Alimentação: larvas, grilos, aranhas, cigarras, cupins, formigas voadoras e frutos apanhados a partir de poleiros

Espécies registradas

Trogon rufus

Surucuá-de-barriga-amarela
(Black-throated Trogon)
Tamanho: 23-25 cm, 48-57 g
Subsistema: Paraná
Hábitat: interior e borda de florestas
Alimentação: principalmente insetos, como besouros, grilos e lagartas, além de frutos

TROGONIDAE 143

Aves da planície alagável do alto rio Paraná

ALCEDINIDAE

Martins-pescadores. Habitam ambientes aquáticos. Apresentam morfologia homogênea, mas tamanho bem variado. Possuem bico robusto e relativamente grande, além de asas adaptadas ao mergulho, que é a forma como obtém a maior parte do alimento. Nidificam em barrancos; põem de 2 a 4 ovos brancos. Grau de dimorfismo sexual varia entre as espécies. Piscívoros. Três espécies registradas.

Ceryle torquatus

Martim-pescador-grande
(Ringed Kingfisher)
Tamanho: 36-45 cm, 254-330 g
Subsistema: Paraná, Baía e Ivinhema
Hábitat: ambientes aquáticos com árvores circundantes que servem como poleiro
Alimentação: principalmente peixes com até cerca de 20 cm de comprimento, mas também anfíbios, répteis e insetos capturados em mergulhos rasos a partir de poleiros ou peneirando sobre a água

Espécies registradas

Chloroceryle amazona

Martim-pescador-verde
(Amazon Kingfisher)
Tamanho: 26-35 cm, 98-140 g
Subsistema: Paraná, Baía e Ivinhema
Hábitat: ambientes aquáticos com árvores circundantes que servem como poleiro
Alimentação: peixes e crustáceos capturados em mergulhos rasos a partir de poleiros ou peneirando sobre a água

Chloroceryle americana

Martim-pescador-pequeno
(Green Kingfisher)
Tamanho: 17-22 cm, 29-55 g
Subsistema: Paraná, Baía e Ivinhema
Hábitat: ambientes aquáticos com vegetação circundante densa
Alimentação: peixes pequenos, crustáceos, moluscos, libélulas e formigas capturados em mergulhos rasos a partir de poleiros ou entre a vegetação

ALCEDINIDAE 145

MOMOTIDAE

Juruvas e udus. Possuem bico forte e curvo com serrilhado na borda, cauda longa e plumagem muito colorida, predominando o verde. Nidificam em buracos nos barrancos ou diretamente no solo; põem ovos brancos brilhantes. Sexos semelhantes. Onívoros. Duas espécies registradas.

Baryphthengus ruficapillus

Juruva-verde (Rufous-capped Motmot)
Tamanho: 38-45cm, 140-151g
Subsistema: Paraná
Hábitat: interior e bordas de florestas
Alimentação: insetos (larvas e adultos) e outros artrópodes grandes, moluscos terrestres, répteis, aves, mamíferos pequenos e frutos

Espécies registradas

Momotus momota

Udu-de-coroa-azul
(Blue-crowned Motmot)
Tamanho: 38-44 cm, 120-160 g
Subsistema: Ivinhema
Hábitat: interior e bordas de florestas, várzeas e zonas arbustivas com árvores esparsas
Alimentação: centopéias, moluscos terrestres, minhocas, insetos, répteis, aves, mamíferos pequenos e frutos, geralmente capturados a partir de um poleiro

GALBULIDAE

Bicos-de-agulha. Parecem grandes beija-flores, possuindo bico fino e muito longo, cauda graduada relativamente longa e coloração predominantemente verde brilhante. Ninhos em buracos em barrancos argilosos e arenosos; põem de 2 a 4 ovos brancos. Sexos semelhantes. Insetívoros. Uma espécie registrada.

Galbula ruficauda

Ariramba-de-cauda-ruiva, bico-de-agulha
(Rufous-tailed Jacamar)
Tamanho: 19-25 cm, 18-28 g
Subsistema: Paraná e Ivinhema
Hábitat: zonas arbustivas, interior e bordas de florestas próximos aos corpos d'água
Alimentação: insetos capturados em vôo, a partir de um poleiro de baixa a média altura

BUCCONIDAE

João-bobo, macururus, bico-de-brasa e afins. Cabeça grande, com bico forte destacado, compondo uma silhueta onde o corpo parece pequeno. Pernas curtas e pés pequenos. Ninhos em cavidades no solo, barrancos ou cupinzeiros arbóreos; põem 2 a 3 ovos. Sexos parecidos. Predominantemente insetívoros. Duas espécies registradas.

Notharchus macrorynchos

Macuru-de-testa-branca
(Guianan Puffbird)
Tamanho: 25 cm, 81-106 g
Subsistema: Paraná e Ivinhema
Hábitat: bordas de florestas e áreas abertas com vegetação arbórea
Alimentação: insetos, incluindo grilos, percevejos, besouros e borboletas, mas também pequenos vertebrados

Nystalus chacuru

João-bobo
(White-eared Puffbird)
Tamanho: 21-22 cm, 48-64 g
Subsistema: Paraná
Hábitat: bordas de florestas, zonas arbustivas e áreas abertas com vegetação arbórea
Alimentação: insetos capturados no ar e outros artrópodes, como centopéias e escorpiões, além de pequenos vertebrados, como lagartos

Espécies registradas

RAMPHASTIDAE

Tucanos e araçaris. Bicos muito grandes e peculiares, que em algumas espécies podem ultrapassar o tamanho do corpo. Vivem em casais, mas freqüentemente podem ser vistos em grupos, principalmente em locais com oferta abundante de frutos. Ninhos em troncos ocos; põem de 2 a 4 ovos brancos. Sexos parecidos. Predominantemente frugívoros. Duas espécies registradas.

Ramphastos toco

Tucanuçu, tucano-toco (Toco Toucan)
Tamanho: 53-61cm, 500-860 g
Subsistema: Paraná, Baía e Ivinhema
Hábitat: bordas de florestas, áreas abertas e zonas arbustivas com árvores
Alimentação: frutos, insetos, lagartas, ovos e filhotes de outras aves apanhados na parte alta das árvores

Pteroglossus castanotis

Araçari-castanho
(Chestnut-eared Aracari)
Tamanho: 37-47 cm, 220-310 g
Subsistema: Paraná e Ivinhema
Hábitat: zonas arbustivas com vegetação arbórea alta, interior e bordas de florestas
Alimentação: frutos, flores, néctar e insetos apanhados na parte alta das árvores; em menor grau do que a espécie anterior, filhotes e ovos de aves

Espécies registradas

PICIDAE

Pica-paus. O bico forte, reto e em forma de cinzel é a principal característica da família. Seu modo de vida (escaladores de troncos de árvores) exige várias adaptações: além do bico, as penas da cauda dão apoio ao corpo enquanto a ave escala, os pés são fortes e o crânio tem adaptações para amenizar a trepidação proveniente das fortes bicadas desferidas pela ave no tronco das árvores quando busca por alimento. Nidificam em cavidades nos troncos de árvores; põem de 2 a 4 ovos brancos brilhantes. Pouco dimorfismo sexual. Principalmente insetívoros. Dez espécies registradas.

Picumnus cirratus

Pica-pau-anão-barrado
(White-barred Piculet)
Tamanho: 8-10 cm, 6,8-12 g
Subsistema: Paraná
Hábitat: bordas de florestas, áreas abertas e zonas arbustivas
Alimentação: pequenos insetos, incluindo larvas e ovos capturados em galhos ou troncos finos

Aves da planície alagável do alto rio Paraná

Picumnus albosquamatus

Pica-pau-anão-escamado
(White-wedged Piculet)
Tamanho: 10-11 cm, 9-11 g
Subsistema: Paraná e Ivinhema
Hábitat: bordas de florestas, áreas abertas e zonas arbustivas
Alimentação: pequenos insetos, incluindo larvas e ovos apanhados em galhos ou troncos finos

Melanerpes candidus

Pica-pau-branco, birro
(White Woodpecker)
Tamanho: 24-30 cm, 98-136 g
Subsistema: Paraná e Ivinhema
Hábitat: bordas de florestas, várzeas, áreas abertas e zonas arbustivas com árvores
Alimentação: frutas, néctar, insetos e suas larvas; frequentemente ataca ninhos de cupins, marimbondos e vespas

Espécies registradas

Melanerpes flavifrons

Benedito-de-testa-amarela
(Yellow-fronted Woodpecker)
Tamanho: 17-19,5 cm, 49-64 g
Subsistema: Paraná, Baía e Ivinhema
Hábitat: zonas arbustivas com árvores, interior e bordas de florestas
Alimentação: insetos e suas larvas capturados em troncos, além de frutos e sementes

Veniliornis passerinus

Picapauzinho-anão
(Little Woodpecker)
Tamanho: 14-15 cm, 23-37 g
Subsistema: Paraná e Ivinhema
Hábitat: interior e bordas de florestas, várzeas e zonas arbustivas com árvores
Alimentação: insetos e larvas, capturados principalmente sob a casca de troncos; também captura larvas dentro de coquinhos, perfurando-os

PICIDAE

Colaptes melanochloros

Pica-pau-verde-barrado
(Green-barred Woodpecker)
Tamanho: 23-30 cm, 104-174 g
Subsistema: Paraná, Baía e Ivinhema
Hábitat: interior e bordas de florestas, várzeas, áreas abertas e zonas arbustivas com árvores
Alimentação: formigas e suas ninhadas e outros artrópodes, além de frutos, apanhados nos troncos e copas das árvores e, às vezes, no chão

Colaptes campestris

Pica-pau-do-campo, chan-chan
(Campo Flicker)
Tamanho: 28-33 cm, 145-192 g
Subsistema: Paraná, Baía e Ivinhema
Hábitat: várzeas, áreas abertas e zonas arbustivas
Alimentação: formigas, cupins e suas larvas, mas também outros artrópodes capturados principalmente no solo

Espécies registradas

Celeus flavescens

Pica-pau-de-cabeça-amarela
(Blond-crested Woodpecker)
Tamanho: 25-30 cm, 110-165 g
Subsistema: Ivinhema
Hábitat: interior e bordas de florestas
Alimentação: insetos, como formigas e cupins arborícolas, capturados no tronco das árvores, além de frutos consumidos regularmente

Dryocopus lineatus

Pica-pau-de-banda-branca
(Lineated Woodpecker)
Tamanho: 30-36 cm, 186-217 g
Subsistema: Paraná e Ivinhema
Hábitat: interior e bordas de florestas
Alimentação: adultos e larvas de besouros e formigas capturados no tronco de árvores, além de frutos e sementes

PICIDAE

*Campephilus robustus

Pica-pau-rei
(Robust Woodpecker)
Tamanho: 32-37 cm, 230-294 g
Subsistema: Paraná
Hábitat: interior de florestas
Alimentação: principalmente insetos, como besouros e larvas, capturados no tronco das árvores e, ocasionalmente, frutos

THAMNOPHILIDAE

Papa-formigas, chocas. Maioria florestal e sensível ao desmatamento. Fazem ninhos a pouca altura; põem de 2 a 3 ovos manchados. Vozes fortes; machos e fêmeas com diferença na coloração (machos: tons de negro e cinza; fêmeas: tons de marrom). Insetívoros. Dez espécies registradas.

Hypoedaleus guttatus

Chocão-carijó
(Spot-backed Antshrike)
Tamanho: 20-21 cm
Subsistema: Ivinhema
Hábitat: interior de florestas
Alimentação: vários insetos e outros artrópodes, como aranhas, além de moluscos e possivelmente pequenos vertebrados, como lagartos e anfíbios

Taraba major

Choró-boi
(Great Antshrike)
Tamanho: 20-20,5 cm, 50-70 g
Subsistema: Paraná, Baía e Ivinhema
Hábitat: bordas de florestas e zonas arbustivas, frequentemente à beira dos corpos d'água
Alimentação: grande variedade de insetos e outros artrópodes, além de moluscos e pequenos vertebrados, incluindo lagartos, anfíbios, mamíferos e filhotes de outras aves capturados no estrato baixo entre galhos e folhas ou no solo; ocasionalmente inclui matéria vegetal na dieta

Thamnophilus doliatus

Choca-barrada
(Barred Antshrike)
Tamanho: 15-16 cm, 24-30 g
Subsistema: Paraná, Baía e Ivinhema
Hábitat: bordas de florestas, várzeas e zonas arbustivas
Alimentação: principalmente insetos, incluindo besouros, grilos, larvas, formigas e outros artrópodes, como aranhas capturados em galhos e arbustos

Espécies registradas

Thamnophilus caerulescens

Choca-da-mata
(Variable Antshrike)
Tamanho: 14-16 cm, 15-24 g
Subsistema: Paraná e Ivinhema
Hábitat: interior e bordas de florestas
Alimentação: principalmente insetos, incluindo borboletas e mariposas, larvas, percevejos, besouros, grilos e outros artrópodes, como aranhas; eventualmente também sementes e pequenos frutos

Thamnophilus ruficapillus

Choca-de-chapéu-vermelho
(Rufous-capped Antshrike)
Tamanho: 15-18 cm, 21-24 g
Subsistema: Ivinhema
Hábitat: bordas de florestas e zonas arbustivas
Alimentação: vários insetos, incluindo besouros, moscas, formigas e outros artrópodes apanhados na vegetação, próximo ao solo; ocasionalmente, alguma matéria vegetal

THAMNOPHILIDAE

*Dysithamnus mentalis

Choquinha-lisa
(Plain Antvireo)
Tamanho: 10-12 cm, 12-14 g
Subsistema: Paraná
Hábitat: interior e bordas de florestas
Alimentação: grande variedade de insetos, incluindo adultos e larvas de besouros e borboletas, cupins, formigas e outros artrópodes capturados abaixo da copa das árvores e nos arbustos; costuma forragear associado a bandos mistos de aves

Herpsilochmus longirostris

Chorozinho-de-bico-comprido
(Large-billed Antwren)
Tamanho: 12-14 cm, 10-14 g
Subsistema: Paraná e Baía
Hábitat: interior e bordas de florestas ciliares
Alimentação: insetos e outros artrópodes, incluindo adultos e larvas de borboletas e grilos capturados entre a folhagem

Espécies registradas

Herpsilochmus rufimarginatus

Chorozinho-de-asa-vermelha
(Rufous-winged Antwren)
Tamanho: 10-12,5 cm, 10-12,5 g
Subsistema: Paraná
Hábitat: interior e bordas de florestas
Alimentação: vários insetos, incluindo larvas de borboletas, grilos, besouros e outros artópodes, como aranhas; eventualmente também pequenos frutos

Formicivora rufa

Papa-formiga-vermelho
(Rusty-backed Antwren)
Tamanho: 12-13 cm, 9-14 g
Subsistema: Baía e Ivinhema
Hábitat: zonas arbustivas e várzeas secas
Alimentação: vários insetos como besouros, grilos e outros artrópodes capturados entre os arbustos

THAMNOPHILIDAE

Pyriglena leucoptera

Papa-taoca-do-sul (White-shouldered Fire-eye)
Tamanho: 16-18 cm, 25-34 g
Subsistema: Paraná
Hábitat: interior e bordas de florestas
Alimentação: vários insetos, como grilos, besouros, formigas e outros artrópodes, como aranhas; também pequenos lagartos

Espécies registradas

CONOPOPHAGIDAE

Chupa-dente, cuspidores. Encontrados principalmente na América do Sul. Pequeno porte; predominantemente florestais, habitam o estrato inferior da mata. Pescoço e cauda curtos, perna e dedos longos. Ninho em forma de tigela, na vegetação a pouca altura; põem dois ovos. Insetívoras. Uma espécie registrada.

*Conopophaga lineata

Chupa-dente (Rufous Gnateater)
Tamanho: 11,5-14 cm, 16-27 g
Subsistema: Paraná e Ivinhema
Hábitat: interior e bordas de florestas
Alimentação: principalmente pequenos insetos e outros artrópodes capturados na folhagem próxima ao solo e serrapilheira e, ocasionalmente, pequenos vertebrados e frutos

CONOPOPHAGIDAE 165

DENDROCOLAPTIDAE

Arapaçus. Aves que escalam troncos de árvores onde capturam suas presas (lembram pica-paus, mas não batem o bico no tronco para capturar as presas). Fazem ninhos em ocos de árvores; põem de 2 a 4 ovos brancos. Vozes fortes; machos e fêmeas semelhantes; coloração homogênea (predomina o marrom), bico usado par capturar insetos sobre a casca e frestas dos troncos e galhos de árvores, bem como em epífitas (como bromélias). Cinco espécies registradas.

Sittasomus griseicapillus

Arapaçu-verde
(Olivaceous Woodcreeper)
Tamanho: 13-19,5 cm, 9-19 g
Subsistema: Paraná e Ivinhema
Hábitat: interior e bordas de florestas
Alimentação: principalmente artrópodes, como formigas, cupins, besouros, larvas, pseudoescorpiões e aranhas capturados no tronco das árvores

Espécies registradas

Xiphocolaptes albicollis

Arapaçu-de-garganta-branca
(White-throated Woodcreeper)
Tamanho: 27-33 cm, 110-130 g
Subsistema: Paraná e Ivinhema
Hábitat: interior e bordas de florestas
Alimentação: principalmente artrópodes, além de ovos de outras aves e ocasionalmente pequenos vertebrados

Dendrocolaptes platyrostris

Arapaçu-grande
(Planalto Woodcreeper)
Tamanho: 25-29 cm, 55-69 g
Subsistema: Paraná e Ivinhema
Hábitat: interior e bordas de florestas
Alimentação: principalmente artrópodes, como aranhas, formigas, besouros e suas larvas, grilos, moscas, mas também pequenos vertebrados e ocasionalmente matéria vegetal

DENDROCOLAPTIDAE

Lepidocolaptes angustirostris

Arapaçu-de-cerrado
(Narrow-billed Woodcreeper)
Tamanho: 18-22 cm, 23-39,5 g
Subsistema: Paraná, Baía e Ivinhema
Hábitat: bordas de florestas, várzeas, zonas arbustivas e áreas abertas com a presença de árvores
Alimentação: grande variedade de artrópodes e outros invertebrados, mas também pequenos vertebrados

Campylorhamphus trochilirostris

Arapaçu-beija-flor
(Red-billed Scythebill)
Tamanho: 21-29 cm, 30-55 g
Subsistema: Paraná e Ivinhema
Hábitat: bordas de florestas, zonas arbustivas e áreas abertas com a presença de árvores
Alimentação: principalmente artrópodes, como aranhas e insetos capturados com seu bico longo em forma de pinça

DENDROCOLAPTIDAE

FURNARIIDAE

João-de-barro, barranqueiros. Ocupam diversos ambientes. Fazem ninhos muito elaborados e com diversos formatos; põem de 2 a 5 ovos brancos. Vozes fortes em várias espécies; machos e fêmeas de algumas espécies cantam em dueto. Sexos semelhantes; coloração homogênea, com predominância de marrom. Insetívoros. Oito espécies registradas.

Furnarius rufus

João-de-barro
(Rufous Hornero)
Tamanho: 16-23 cm, 31-65 g
Subsistema: Paraná, Baía e Ivinhema
Hábitat: bordas de florestas, zonas arbustivas e áreas abertas com árvores
Alimentação: artrópodes como besouros, borboletas, formigas, larvas e aranhas, bem como outros invertebrados como caracóis, lesmas capturados enquanto caminha no chão e, mais raramente, em troncos e galhos

Synallaxis ruficapilla

Pichororé
(Rufous-capped Spinetail)
Tamanho: 13-17 cm, 12-16 g
Subsistema: Ivinhema
Hábitat: bordas de florestas e zonas arbustivas
Alimentação: presumivelmente insetos e outros artrópodes

Synallaxis frontalis

Petrim
(Sooty-fronted Spinetail)
Tamanho: 14-16 cm, 11-17 g
Subsistema: Paraná, Baía e Ivinhema
Hábitat: entre a vegetação mais densa nas zonas arbustivas e bordas de florestas
Alimentação: artrópodes e outros invertebrados

Espécies registradas

Cranioleuca vulpina

Arredio-do-rio
(Rusty-backed Spinetail)
Tamanho: 15-16 cm, 16 g
Subsistema: Paraná, Baía e Ivinhema
Hábitat: bordas de florestas ciliares e zonas arbustivas às margens dos corpos d'água
Alimentação: artrópodes, como besouros, borboletas e suas larvas, capturados entre as folhas

Certhiaxis cinnamomeus

Curutié
(Yellow-chinned Spinetail)
Tamanho: 13-17 cm, 13-17 g
Subsistema: Paraná, Baía e Ivinhema
Hábitat: ambientes aquáticos com vegetação e várzeas alagadas
Alimentação:
besouros, borboletas, larvas, libélulas, cupins, aranhas e pequenos caranguejos capturados junto à vegetação aquática

FURNARIIDAE

Phacellodomus ruber

Graveteiro, Garrinchão
(Greater Thornbird)
Tamanho: 18-21 cm, 35-51 g
Subsistema: Paraná, Baía e Ivinhema
Hábitat: bordas de florestas e zonas arbustivas, sempre às margens dos corpos d'água
Alimentação: artrópodes, como formigas e besouros capturados na vegetação densa desde o solo até próximo a copa

Automolus leucophthalmus

Barranqueiro-de-olho-branco
(White-eyed Foliage-gleaner)
Tamanho: 18-20 cm, 25-35 g
Subsistema: Paraná e Baía
Hábitat: interior de florestas
Alimentação: captura besouros, grilos, pupas de vespas e lesmas na vegetação morta suspensa

Espécies registradas

Hylocryptus rectirostris

Fura-barreira
(Chestnut-capped Foliage-gleaner)
Tamanho: 20-21,5 cm, 44-51 g
Subsistema: Paraná, Baía e Ivinhema
Hábitat: estrato baixo ou solo do interior e bordas de florestas, sempre próximos aos corpos d'água
Alimentação: artrópodes capturados no chão entre a serrapilheira

FURNARIIDAE

TYRANNIDAE

Papa-moscas, bem-te-vis, tesourinhas e afins. A maior família de aves da região neotropical; ocupam diversos ambientes. Ninhos com diferentes formatos (aberto, fechado). Vozes variadas (forte, baixa, melodiosa); tamanhos e cores variados; pouco dimorfismo sexual na maioria das espécies. Alimentam-se principalmente de artrópodes, muitas vezes insetos, capturados em vôos a partir de poleiros; também consomem frutos, em proporções que variam entre as espécies. Quarenta e cinco espécies registradas.

Leptopogon amaurocephalus

Cabeçudo
(Sepia-capped Flycatcher)
Tamanho: 13,5cm, 12 g
Subsistema: Paraná e Ivinhema
Hábitat: interior e bordas de florestas
Alimentação: insetos, incluindo borboletas, formigas, grilos, besouros, pupas e outros artrópodes, como aranhas; também pequenos frutos

Espécies registradas

Hemitriccus margaritaceiventer

Sebinho-de-olho-de-ouro
(Pearly-vented Tody-tyrant)
Tamanho: 10-10,5 cm, 8,4 g
Subsistema: Paraná, Baía e Ivinhema
Hábitat: bordas de florestas e zonas arbustivas
Alimentação: pequenos artrópodes, como lagartas, grilos, larvas, aranhas e besouros capturados a pouca altura na parte interna das galhadas e sob as folhas ou em vôos curtos

Poecilotriccus latirostris

Ferreirinho-de-cara-parda
(Rusty-fronted Tody-Flycatcher)
Tamanho: 9,4-9,5 cm, 8,1-9 g
Subsistema: Paraná, Baía e Ivinhema
Hábitat: bordas de florestas, zonas arbustivas e áreas abertas com vegetação arbórea
Alimentação: pequenos artrópodes

TYRANNIDAE

Todirostrum cinereum

Ferreirinho-relógio (Common Tody-Flycatcher)
Tamanho: 8-10 cm, 6,8 g
Subsistema: Paraná, Baía e Ivinhema
Hábitat: bordas de florestas, zonas arbustivas e áreas abertas com árvores
Alimentação: pequenos artrópodes, como besouros, aranhas, cupins e formigas alados, mariposas e borboletas capturados em vôo no ar, entre as folhas da copa das árvores ou no meio de arbustos

**Myiopagis caniceps*

Guaracava-cinzenta (Gray Elaenia)
Tamanho: 11-13 cm, 10-11 g
Subsistema: Paraná, Baía e Ivinhema
Hábitat: copa do interior e bordas de florestas
Alimentação: pequenos artrópodes, como besouros, cupins e formigas alados, grilos, mariposas, borboletas e mais ocasionalmente pequenos frutos, apanhados na parte alta da floresta

TYRANNIDAE

Espécies registradas

Myiopagis viridicata

Guaracava-de-crista-alaranjada
(Greenish Elaenia)
Tamanho: 13,5 cm, 12-14 g
Subsistema: Paraná e Ivinhema
Hábitat: interior e bordas de florestas
Alimentação: vários insetos e uma grande variedade de frutos e sementes ariladas

Elaenia flavogaster

Guaracava-de-barriga-amarela
(Yellow-bellied Elaenia)
Tamanho: 14-18 cm, 25-30 g
Subsistema: Paraná, Baía e Ivinhema
Hábitat: bordas de florestas, zonas arbustivas e áreas abertas com árvores
Alimentação: vários artrópodes, como besouros, cupins e formigas alados, borboletas e mariposas apanhados em vôo ou entre a folhagem, além de pequenos frutos

TYRANNIDAE 177

Elaenia spectabilis

Guaracava-grande
(Large Elaenia)
Tamanho: 16-19 cm, 28-30 g
Subsistema: Paraná, Baía e Ivinhema
Hábitat: bordas de florestas, zonas arbustivas e áreas abertas com árvores
Alimentação: vários artrópodes, como aranhas, grilos, mariposas, besouros e borboletas apanhados em vôo ou entre a folhagem, além de pequenos frutos

***Elaenia parvirostris*

Guaracava-de-bico-curto
(Small-billed Elaenia)
Tamanho: 13-16 cm, 14-18 g
Subsistema: Ivinhema
Hábitat: bordas de florestas, zonas arbustivas e áreas abertas com árvores
Alimentação: vários artrópodes, como aranhas, grilos, mariposas, besouros e borboletas, apanhados em vôo ou entre a folhagem, além de pequenos frutos

Espécies registradas

**Elaenia mesoleuca

Tuque
(Olivaceous Elaenia)
Tamanho: 12-16 cm, 15-20 g
Subsistema: Ivinhema
Hábitat: zonas arbustivas, interior e bordas de florestas
Alimentação: vários artrópodes, como besouros, cupins e formigas alados, borboletas e mariposas apanhados em vôo ou entre a folhagem, além de pequenos frutos

*Elaenia chiriquensis

Chibum
(Lesser Elaenia)
Tamanho: 11-14 cm, 13 g
Subsistema: Ivinhema
Hábitat: zonas arbustivas, várzeas e áreas abertas
Alimentação: vários artrópodes, como cupins e formigas alados, besouros, borboletas e mariposas apanhados em vôo; também frutos pequenos

TYRANNIDAE

Camptostoma obsoletum

Risadinha
(Southern Beardless Tyrannulet)
Tamanho: 9-12 cm, 8-9 g
Subsistema: Paraná, Baía e Ivinhema
Hábitat: bordas de florestas, zonas arbustivas e áreas abertas com árvores
Alimentação: cupins e formigas alados, mariposas, besouros e borboletas apanhados em vôo; também alguns pequenos frutos, como erva-de-passarinho

Serpophaga subcristata

Alegrinho
(White-crested Tyrannulet)
Tamanho: 9-11 cm, 6-7 g
Subsistema: Paraná e Ivinhema
Hábitat: parte alta das bordas de florestas, zonas arbustivas e áreas abertas com árvores
Alimentação: pequenos artrópodes, como besouros, grilos, aranhas, larvas, lagartas, borboletas e mariposas apanhados entre as folhas, geralmente na copa das árvores

Espécies registradas

Capsiempis flaveola

Marianinha-amarela
(Yellow Tyrannulet)
Tamanho: 11 cm, 7,2-8,1 g
Subsistema: Paraná, Baía e Ivinhema
Hábitat: vegetação densa nas partes baixas de clareiras no interior de florestas e suas bordas
Alimentação: pequenos artrópodes, como grilos, aranhas, besouros, mariposas, borboletas, larvas e lagartas apanhados entre a vegetação

Pseudocolopteryx sclateri

Tricolino
(Crested Doradito)
Tamanho: 9-12 cm, 7-8 g
Subsistema: Ivinhema
Hábitat: várzeas alagadas e ambientes aquáticos com vegetação
Alimentação: pequenos artrópodes, como besouros, borboletas, grilos, mariposas e aranhas capturados junto à vegetação aquática

TYRANNIDAE

Euscarthmus meloryphos

Barulhento
(Tawny-crowned Pygmy-Tyrant)
Tamanho: 10-10,5 cm, 7 g
Subsistema: Paraná
Hábitat: bordas de florestas e zonas arbustivas
Alimentação: pequenos artrópodes

Myiornis auricularis

Miudinho
(Eared Pygmy-Tyrant)
Tamanho: 7 cm, 5 g
Subsistema: Paraná e Ivinhema
Hábitat: interior e bordas de florestas
Alimentação: pequenos insetos e outros artrópodes capturados na folhagem ou em vôos curtos

TYRANNIDAE

Espécies registradas

Tolmomyias sulphurescens

Bico-chato-de-orelha-preta
(Yellow-olive Flycatcher)
Tamanho: 9-15 cm, 16-18 g
Subsistema: Paraná
Hábitat: copas de árvores do interior e bordas de florestas
Alimentação: artrópodes, como cupins e formigas aladas, mariposas, besouros e borboletas apanhados em vôo

Myiophobus fasciatus

Filipe
(Bran-colored Flycatcher)
Tamanho: 12-14 cm, 10-12 g
Subsistema: Ivinhema
Hábitat: bordas de florestas e zonas arbustivas
Alimentação: pequenos artrópodes, como grilos, aranhas, besouros, borboletas, moscas, além de pequenos frutos, apanhados entre a vegetação

TYRANNIDAE

Aves da planície alagável do alto rio Paraná

Hirundinea ferruginea

Gibão-de-couro
(Cliff Flycatcher)
Tamanho: 16-18 cm, 23-25 g
Subsistema: Paraná
Hábitat: normalmente junto a escarpas e paredões rochosos
Alimentação: insetos voadores capturados no ar utilizando-se de manobras rápidas

Lathrotriccus euleri

Enferrujado
(Euler's Flycatcher)
Tamanho: 10-15 cm, 10-12 g
Subsistema: Paraná e Ivinhema
Hábitat: interior e bordas de florestas
Alimentação: moscas, grilos, lagartas, larvas, pequenos besouros e aranhas capturados no meio das folhas ou em vôos curtos

TYRANNIDAE

Espécies registradas

Cnemotriccus fuscatus

Guaracavuçu
(Fuscous Flycatcher)
Tamanho: 14-16 cm, 12-16 g
Subsistema: Paraná e Ivinhema
Hábitat: interior e bordas de florestas
Alimentação: besouros, larvas, lagartas, grilos e aranhas capturados junto à vegetação ou em vôos curtos nos estratos inferior e médio das florestas

Pyrocephalus rubinus

Príncipe, verão
(Vermilion Flycatcher)
Tamanho: 13-14 cm, 11-14 g
Subsistema: Paraná e Ivinhema
Hábitat: áreas abertas, várzeas e zonas arbustivas com árvores esparsas
Alimentação: insetos voadores, como moscas, besouros, borboletas e mariposas capturados em vôo

TYRANNIDAE

Satrapa icterophrys

Suiriri-pequeno (Yellow-browed Tyrant)
Tamanho: 15-17,4 cm, 17,5-20,8 g
Subsistema: Paraná
Hábitat: bordas de floresta, zonas arbustivas e áreas abertas, frequentemente próximas aos corpos d'água.
Alimentação: vários artrópodes, como aranhas, lagartas, grilos, besouros, borboletas e mariposas capturados em vôo ou entre a vegetação

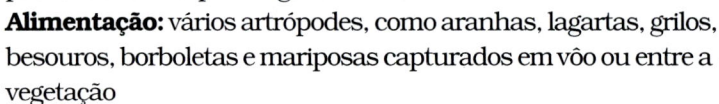

Xolmis velatus

Noivinha-branca (White-rumped Monjita)
Tamanho: 19-24,2 cm, 37,3-46,3 g
Subsistema: Baía e Ivinhema
Hábitat: áreas abertas e várzeas com árvores
Alimentação: gafanhotos, grilos, besouros, moscas, lagartas e aranhas capturados no ar a partir de um poleiro exposto, no solo ou na vegetação

Espécies registradas

Gubernetes yetapa

Tesoura-do-brejo
(Streamer-tailed Tyrant)
Tamanho: 37-44 cm, 64-70 g
Subsistema: Baía e Ivinhema
Hábitat: ambientes aquáticos abertos com vegetação e várzeas alagadas
Alimentação: artrópodes, como aranhas, grilos, gafanhotos, besouros, borboletas e mariposas capturados em vôo

Fluvicola albiventer

Lavadeira-de-cara-branca
(Black-backed Water-Tyrant)
Tamanho: 12-13 cm
Subsistema: Baía e Ivinhema
Hábitat: ambientes aquáticos com vegetação e várzeas alagadas
Alimentação: pequenos artrópodes, como aranhas, lagartas, besouros e grilos que captura caminhando no chão ou sob as folhas mais baixas da vegetação

TYRANNIDAE

Arundinicola leucocephala

Freirinha
(White-headed Marsh-Tyrant)
Tamanho: 10-14 cm, 16 g
Subsistema: Baía e Ivinhema
Hábitat: ambientes aquáticos com vegetação e várzeas alagadas
Alimentação: pequenos artrópodes, como besouros, aranhas, grilos, lagartas, larvas e borboletas capturados junto a vegetação aquática

Colonia colonus

Viuvinha
(Long-tailed Tyrant)
Tamanho: 18-28 cm, 15-18 g
Subsistema: Paraná e Ivinhema
Hábitat: bordas de florestas
Alimentação: vários insetos, incluindo percevejos, besouros e abelhas sem ferrão, capturados em vôo a partir de poleiros geralmente altos

Espécies registradas

Machetornis rixosa

Suiriri-cavaleiro (Cattle Tyrant)
Tamanho: 17-20 cm, 28-37 g
Subsistema: Paraná, Baía e Ivinhema
Hábitat: áreas abertas com gramíneas
Alimentação: mariposas, besouros, grilos, larvas, borboletas e lagartas capturados enquanto caminha no chão ou em vôos curtos a partir do chão; também usa como poleiro bois, cavalos e outros mamíferos, voando até as presas por eles espantadas; ocasionalmente pequenos vertebrados, como anfíbios

**Legatus leucophaius*

Bem-te-vi-pirata (Piratic Flycatcher)
Tamanho: 14-16 cm, 21-23 g
Subsistema: Ivinhema
Hábitat: zonas arbustivas, interior e bordas de florestas
Alimentação: pequenos frutos e, em menor grau, artrópodes como moscas, grilos, borboletas e mariposas apanhados na parte alta das árvores ou em vôo

TYRANNIDAE

Myiozetetes similis

Bentevizinho-de-penacho-vermelho
(Social Flycatcher)
Tamanho: 16-17,5 cm, 28 g
Subsistema: Paraná, Baía e Ivinhema
Hábitat: bordas de florestas, áreas abertas e zonas arbustivas com árvores
Alimentação: vários artrópodes, como besouros, mariposas, borboletas, grilos e moscas apanhados no meio da folhagem; também alguns pequenos frutos

Pitangus sulphuratus

Bem-te-vi
(Great Kiskadee)
Tamanho: 22-26 cm, 54-79 g
Subsistema: Paraná, Baía e Ivinhema
Hábitat: bordas de florestas, áreas abertas, zonas arbustivas, várzeas e ambientes aquáticos com vegetação
Alimentação: lagartas, abelhas, marimbondos, borboletas, mariposas, grilos, gafanhotos, crustáceos e pequenos vertebrados, como peixes, pererecas e filhotes e ovos de outras aves, além de vários frutos

Espécies registradas

Conopias trivirgatus

Bem-te-vi-pequeno (Three-striped Flycatcher)
Tamanho: 14-15 cm
Subsistema: Paraná, Baía e Ivinhema
Hábitat: bordas de florestas ciliares
Alimentação: abelhas, marimbondos, gafanhotos, besouros, grilos, lagartas, borboletas e outros artrópodes capturados em vôo ou entre a vegetação

Myiodynastes maculatus

Bem-te-vi-rajado (Streaked Flycatcher)
Tamanho: 19-22 cm, 43-45 g
Subsistema: Paraná, Baía e Ivinhema
Hábitat: áreas abertas e zonas arbustivas com árvores, interior e bordas de florestas
Alimentação: vários artrópodes, como besouros, marimbondos, gafanhotos, grilos, borboletas e mariposas capturados abaixo da copa; também pequenos frutos

TYRANNIDAE

Megarynchus pitangua

Neinei, bem-te-vi-de-bico-chato
(Boat-billed Flycatcher)
Tamanho: 21-23 cm, 58-68 g
Subsistema: Paraná, Baía e Ivinhema
Hábitat: interior e bordas de florestas, áreas abertas e zonas arbustivas com árvores
Alimentação: vários artrópodes, como abelhas, marimbondos, formigas, besouros, aranhas, lagartas, grilos e gafanhotos apanhados normalmente próximos à copa das árvores; também pequenos frutos

Empidonomus varius

Peitica
(Variegated Flycatcher)
Tamanho: 17-20 cm, 26-30 g
Subsistema: Paraná e Ivinhema
Hábitat: áreas abertas com árvores, zonas arbustivas e bordas de florestas
Alimentação: artrópodes, como abelhas, marimbondos, besouros, mariposas e borboletas capturados em vôo, além de pequenos frutos

Espécies registradas

**Griseotyrannus aurantioatrocristatus

Peitica-de-chapéu-preto
(Crowned Slaty Flycatcher)
Tamanho: 17,5-18 cm, 27 g
Subsistema: Paraná
Hábitat: bordas de florestas, zonas arbustivas e áreas abertas com vegetação arbórea
Alimentação: insetos e, ocasionalmente, frutos

Tyrannus melancholicus

Suiriri
(Tropical Kingbird)
Tamanho: 20-22 cm, 36-42 g
Subsistema: Paraná, Baía e Ivinhema
Hábitat: bordas de florestas, áreas abertas e zonas arbustivas com árvores
Alimentação: principalmente insetos voadores, como abelhas, marimbondos, formigas e cupins alados, mutucas, besouros, borboletas e mariposas capturados em vôo; também consome pequenos frutos

TYRANNIDAE

Tyrannus savana

Tesourinha
(Fork-tailed Flycatcher)
Tamanho: 27-40 cm, 29-32 g
Subsistema: Paraná, Baía e Ivinhema
Hábitat: áreas abertas, zonas arbustivas e várzeas
Alimentação: principalmente insetos voadores, como moscas, gafanhotos, borboletas e mariposas capturados em vôo, além de pequenos frutos

Sirystes sibilator

Gritador
(Sirystes)
Tamanho: 17-18 cm, 27 g
Subsistema: Paraná e Ivinhema
Hábitat: copa do interior e bordas de florestas
Alimentação: artrópodes, como moscas, grilos, lagartas, besouros, aranhas e larvas capturados nos galhos logo abaixo da copa; mais ocasionalmente pequenos frutos

TYRANNIDAE

Espécies registradas

Casiornis rufus

Caneleiro
(Rufous Casiornis)
Tamanho: 18 cm, 22-27 g
Subsistema: Paraná e Ivinhema
Hábitat: interior e bordas de florestas, frequentemente daquelas próximas a cursos d'água
Alimentação: insetos

Myiarchus swainsoni

Irré
(Swainson's Flycatcher)
Tamanho: 18-21 cm, 23-33 g
Subsistema: Paraná, Baía e Ivinhema
Hábitat: partes altas e médias das zonas arbustivas e bordas de florestas
Alimentação: principalmente insetos voadores, como besouros, mariposas, borboletas e moscas capturados em vôos próximos a copa; em menor proporção, pequenos frutos

TYRANNIDAE 195

Myiarchus ferox

Maria-cavaleira
(Short-crested Flycatcher)
Tamanho: 18-20 cm, 24-30,1 g
Subsistema: Paraná, Baía e Ivinhema
Hábitat: partes altas e médias das áreas abertas com árvores, zonas arbustivas e bordas de florestas
Alimentação: principalmente insetos voadores, como besouros, mariposas, borboletas e moscas capturados em vôos próximos a copa; também pequenos frutos

Myiarchus tyrannulus

Maria-cavaleira-de-rabo-enferrujado
(Brown-crested Flycatcher)
Tamanho: 18-22 cm, 28,5-31,8 g
Subsistema: Paraná e Ivinhema
Hábitat: bordas de floresta, zonas arbustivas e áreas abertas
Alimentação: vários insetos voadores, como besouros, mariposas, borboletas e moscas capturados em vôos próximos a copa; em menor proporção pequenos frutos

Espécies registradas

COTINGIDAE

Arapongas, cotingas. Pássaros florestais, alguns dos quais muito visados pelo comécio de animais silvestres. Vozes variadas (de assovios finos a sons altos e estridentes), emitidas mais frequentemente durante o período de reprodução; algumas vozes como a da araponga podem ser ouvidas a grandes distâncias. Ovos coloridos (tons amarelado, esverdeado ou pardacendo) e manchados. Plumagem diversificada (em geral, machos e fêmeas diferentes). Essencialmente frugívoros. Uma espécie registrada.

Procnias nudicollis

Araponga
(Bare-throated Bellbird)
Tamanho: 23-31 cm, 193 g
Subsistema: Ivinhema
Hábitat: interior de florestas
Alimentação: grande variedade de frutos apanhados no estrato médio e copa das florestas

PIPRIDAE

Tangarás, uirapurus, dançador e afins. Grupo de pequenas aves neotropicais. Dimorfismo sexual acentuado em muitas espécies, com machos de colorido vistoso. Polígamos, machos exibem-se para as fêmeas durante o período reprodutivo, através da repetição de uma série de movimentos característicos (cerimônia pré-nupcial). Ninhos em forma de cesto; põem 1 a 2 ovos. Principalmente frugívoros. Uma espécie registrada.

Pipra fasciicauda

Uirapuru-laranja (Band-tailed Manakin)
Tamanho: 11 cm, 11,5-19 g
Subsistema: Paraná e Ivinhema
Hábitat: interior e bordas de florestas
Alimentação: principalmente pequenos frutos, mas também insetos

TITYRIDAE

Anambés, caneleiros. Pássaros que vivem principalmente na copa das árvores, tanto no interior quanto na borda de florestas. Alguns podem formar bandos com outras espécies. Plumagem variada entre as espécies; machos e fêmeas diferentes. Alimentam-se de frutos e artrópodes. Quatro espécies registradas.

Tityra inquisitor

Anambé-branco-de-bochecha-parda (Black-crowned Tityra)
Tamanho: 16-21 cm, 43-44 g
Subsistema: Paraná, Baía e Ivinhema
Hábitat: partes altas no interior e bordas de florestas
Alimentação:
principalmente frutos, mas também insetos e outros invertebrados apanhados principalmente na copa das árvores

Tityra cayana

Anambé-branco-de-rabo-preto
(Black-tailed Tityra)
Tamanho: 19-22 cm, 78-87 g
Subsistema: Paraná e Ivinhema
Hábitat: interior e bordas de florestas
Alimentação: principalmente frutos, mas também insetos e outros invertebrados apanhados principalmente na copa das árvores

Pachyramphus polychopterus

Caneleiro-preto
(White-winged Becard)
Tamanho: 15-17 cm, 22-27 g
Subsistema: Paraná e Ivinhema
Hábitat: interior e bordas de florestas e zonas arbustivas
Alimentação: pequenos frutos e vários artrópodes, como besouros, grilos, gafanhotos, mariposas e borboletas apanhados entre a vegetação

Espécies registradas

Pachyramphus validus

Caneleiro-de-chapéu-preto
(Crested Becard)
Tamanho: 17-20 cm, 49 g
Subsistema: Paraná e Ivinhema
Hábitat: bordas de florestas, áreas abertas e zonas arbustivas com árvores
Alimentação: pode ficar longos períodos empoleirado no alto das árvores a espera de besouros, gafanhotos, borboletas e mariposas em movimento; também come frutos

VIREONIDAE

Pitiguari, juruviara. São mais ouvidos do que vistos. Fazem ninhos em árvores; põem de 3 a 4 ovos manchados. Vozes fortes, contínuas e melodiosas; dorso com coloração esverdeada; machos e fêmeas semelhantes. Predominantemente insetívoros. Duas espécies registradas.

Cyclarhis gujanensis

Pitiguari
(Rufous-browed Peppershrike)
Tamanho: 15-18 cm, 23-31 g
Subsistema: Paraná, Baía e Ivinhema
Hábitat: interior e bordas de florestas, zonas arbustivas e áreas abertas com alguma mancha de vegetação densa
Alimentação: principalmente artrópodes, como lagartas, gafanhotos, grilos, aranhas e besouros, mas também frutos apanhados no meio da vegetação

Espécies registradas

Vireo olivaceus

Juruviara
(Red-eyed Vireo)
Tamanho: 13-15 cm, 15-17 g
Subsistema: Paraná e Ivinhema
Hábitat: interior e bordas de florestas
Alimentação: besouros, grilos, gafanhotos, lagartas, larvas e pequenos frutos apanhados na vegetação, sob as folhas de árvores e arbustos nas partes média e alta das florestas

CORVIDAE

Gralhas. Vivem em bandos barulhentos e inquietos. Fazem ninhos em árvores e põem ovos manchados. Coloração vistosa, com predomínio de tons azulados; machos e fêmeas semelhantes. Onívoras. Uma espécie registrada.

Cyanocorax chrysops

Gralha-picaça
(Plush-crested Jay)
Tamanho: 32-35 cm, 138-225 g
Subsistema: Paraná e Ivinhema
Hábitat: interior e bordas de florestas, zonas arbustivas e áreas abertas com árvores
Alimentação: muito diversificada, incluindo vários frutos, artrópodes, ovos e filhotes de outras aves, pequenos répteis, anfíbios e roedores

Espécies registradas

HIRUNDINIDAE

Andorinhas. Ocupam diversos ambientes; vivem em grupo e têm grande habilidade para o vôo. Algumas espécies são frequentes em ambientes urbanizados. Fazem ninhos em arbustos, ocos de árvores, forros de construções e buracos em rochas e barrancos; põem ovos brancos ou manchados. Vozes finas; machos e fêmeas semelhantes. Insetívoras. Sete espécies registradas.

Tachycineta albiventer

Andorinha-do-rio (White-winged Swallow)
Tamanho: 13-15 cm, 20-21 g
Subsistema: Paraná, Baía e Ivinhema
Hábitat: ambientes aquáticos, comumente pousada sobre rochas e galhos expostos sobre a água, embarcações ou voando próximo à água
Alimentação: insetos voadores, como formigas e cupins alados, mutucas, libélulas, besouros, mariposas, moscas e vespas apanhados em vôos sobre a água

Tachycineta leucorrhoa

Andorinha-de-sobre-branco
(White-rumped Swallow)
Tamanho: 13-14 cm, 17-21 g
Subsistema: Paraná, Baía e Ivinhema
Hábitat: áreas abertas próximas ou não aos corpos d'água
Alimentação: insetos voadores, como formigas e cupins alados, mutucas, libélulas, besouros, mariposas, moscas e vespas apanhados em vôo

Progne tapera

Andorinha-do-campo
(Brown-chested Martin)
Tamanho: 16-19 cm, 36-40 g
Subsistema: Paraná, Baía e Ivinhema
Hábitat: áreas abertas e zonas arbustivas
Alimentação: insetos voadores, como formigas e cupins alados, mutucas, libélulas, besouros, mariposas, moscas e vespas apanhados em vôos normalmente altos, mas também próximos ao chão

Espécies registradas

Progne chalybea

Andorinha-doméstica-grande
(Gray-breasted Martin)
Tamanho: 18-20 cm, 43-50 g
Subsistema: Paraná, Baía e Ivinhema
Hábitat: áreas abertas e zonas arbustivas
Alimentação: insetos voadores, como formigas e cupins alados, mutucas, libélulas, besouros, mariposas, moscas e vespas apanhados em vôo

Pygochelidon cyanoleuca

Andorinha-pequena-de-casa
(Blue-and-white Swallow)
Tamanho: 10-13 cm, 12-13 g
Subsistema: Paraná, Baía e Ivinhema
Hábitat: áreas abertas e zonas arbustivas
Alimentação: insetos voadores, como formigas e cupins alados, mutucas, libélulas, besouros, mariposas, moscas e vespas apanhados em vôo

HIRUNDINIDAE 207

Aves da planície alagável do alto rio Paraná

Stelgidopteryx ruficollis

Andorinha-serradora
(Southern Rough-winged Swallow)
Tamanho: 13-15 cm, 15 g
Subsistema: Paraná, Baía e Ivinhema
Hábitat: ambientes aquáticos, áreas abertas próximas aos corpos d'água; comumente observada pousada em galhadas situadas nos barrancos de rios
Alimentação: insetos voadores, como formigas e cupins alados, mutucas, libélulas, besouros, mariposas, moscas e vespas apanhados em vôo

Hirundo rustica

Andorinha-de-bando
(Barn Swallow)
Tamanho: 14,6-19 cm, 17-20 g
Subsistema: Paraná
Hábitat: áreas abertas e zonas arbustivas
Alimentação: insetos voadores, como formigas e cupins alados, mutucas, libélulas, besouros, mariposas, moscas e vespas apanhados em vôo

HIRUNDINIDAE

Espécies registradas

TROGLODYTIDAE

Corruíra, catatau, uirapuru-verdadeiro. Pássaros agitados, de vôo curto. Fazem ninhos entre ramos; põem ovos brancos. Vozes fortes; machos e fêmeas de algumas espécies cantam em dueto. Sexos semelhantes; coloração modesta. Predominantemente insetívoros. Três espécies registradas.

Troglodytes musculus

Corruíra (Southern House Wren)
Tamanho: 10-12 cm, 11-12 g
Subsistema: Paraná, Baía e Ivinhema
Hábitat: bordas de florestas, zonas arbustivas e áreas abertas com manchas de vegetação razoavelmente densa
Alimentação: vários pequenos artrópodes, como besouros, grilos, lagartas, larvas, borboletas e aranhas, além de sementes e pequenos frutos em menor proporção

Campylorhynchus turdinus

Catatau
(Thrush-like Wren)
Tamanho: 19-21 cm, 39 g
Subsistema: Paraná
Hábitat: zonas arbustivas, bordas e interior de florestas, normalmente associados a palmeirais
Alimentação: vários invertebrados, como grilos, besouros, borboletas, lagartas, larvas e aranhas capturados no meio das folhagens

Thryothorus leucotis

Garrinchão-de-barriga-vermelha
(Buff-breasted Wren)
Tamanho: 14-14,5 cm, 15,5 g
Subsistema: Paraná, Baía e Ivinhema
Hábitat: zonas arbustivas, interior e bordas de florestas próximos aos corpos d'água
Alimentação: artrópodes, como aranhas, lagartas, larvas, grilos, gafanhotos, besouros e borboletas apanhados na parte baixa da vegetação densa

Espécies registradas

DONACOBIDAE

Japacanim. Ave paludícola, ou seja, associada aos ambientes aquáticos. Pode ser facilmente reconhecida, por sua coloração marrom e amarelada, íris amarela e cauda longa e graduada, que a ave movimenta com freqüência. Voz forte; macho e fêmea frequentemente cantam em dueto; sexos semelhantes. Vive em casais ou pequenos grupos. Ninhos em forma de tigela; põem ovos com cor de ferrugem-clara. Insetívoro. Uma espécie registrada.

Donacobius atricapilla

Japacanim
(Black-capped Donacobius)
Tamanho: 21-23 cm, 43 g
Subsistema: Paraná, Baía e Ivinhema
Hábitat: ambientes aquáticos com vegetação emersa e várzeas alagadas
Alimentação:
artrópodes, como besouros, grilos, formigas, aranhas, lagartas, larvas e libélulas capturados entre a vegetação alagada

TURDIDAE

Sabiás. Pássaros com vozes fortes e melodiosas. Ninhos feitos de barro e vegetais; põem ovos esverdeados e manchados. Coloração variada; grau de dimorfismo sexual varia entre as espécies. Onívoros. Quatro espécies registradas.

Turdus subalaris

Sabiá-ferreiro
(Slaty Thrush)
Tamanho: 19-21,5 cm, 44-55 g
Subsistema: Paraná
Hábitat: interior e bordas de florestas
Alimentação: principalmente frutos, mas também diversos invertebrados, incluindo moluscos e insetos como besouros, formigas e moscas

Espécies registradas

Turdus rufiventris

Sabiá-laranjeira (Rufous-bellied Thrush)
Tamanho: 22-25 cm, 68-82 g
Subsistema: Paraná e Baía
Hábitat: zonas arbustivas com árvores, interior e bordas de florestas
Alimentação: vários tipos de frutos silvestres ou cultivados, como mamão, goiaba e abacate; também vários invertebrados, como gafanhotos, grilos, besouros, lagartas, minhocas e aranhas, com frequência apanhados no chão

Turdus leucomelas

Sabiá-barranco (Pale-breasted Thrush)
Tamanho: 21-25 cm, 54-60 g
Subsistema: Paraná, Baía e Ivinhema
Hábitat: áreas abertas com alguma vegetação arbórea, zonas arbustivas, interior e bordas de florestas
Alimentação: vários tipos de frutos silvestres ou cultivados e vários invertebrados, como gafanhotos, grilos, besouros, lagartas, minhocas e aranhas, frequentemente apanhados no chão

TURDIDAE

Turdus amaurochalinus

Sabiá-poca (Creamy-bellied Thrush)
Tamanho: 22-25 cm, 52-73 g
Subsistema: Paraná e Ivinhema
Hábitat: interior e bordas de florestas, zonas arbustivas e áreas abertas com vegetação arbórea
Alimentação: principalmente invertebrados, mas também uma variedade de frutos

MIMIDAE

Sabiás do campo. Vozes melodiosas; machos e fêmeas semelhantes; coloração modesta, com predominância de tons de bege. Ninho simples em forma de tigela; põem de 3 a 5 ovos esverdeados com manchas. Onívoros. Uma espécie registrada.

Mimus saturninus

Sabiá-do-campo (Chalk-browed Mockingbird)
Tamanho: 25-27 cm, 73-83 g
Subsistema: Paraná, Baía e Ivinhema
Hábitat: áreas abertas, várzeas secas e zonas arbustivas
Alimentação: vários invertebrados, como gafanhotos, grilos, aranhas, besouros, minhocas, lagartas, além de frutos, sementes, néctar e flores apanhados no chão ou na vegetação baixa

MOTACILLIDAE

Caminheiros. Pássaros terrícolas. Fazem ninhos no solo; põem ovos brancos salpicados de bege. Vozes finas; machos e fêmeas semelhantes; coloração críptica. Essencialmente insetívoros. Uma espécie registrada.

Anthus lutescens

Caminheiro-zumbidor (Yellowish Pipit)
Tamanho: 12-14 cm, 13-18 g
Subsistema: Paraná, Baía e Ivinhema
Hábitat: várzeas e áreas abertas
Alimentação: vários invertebrados, como besouros, grilos, minhocas, cupins e formigas apanhados enquanto caminha rapidamente na vegetação rasteira; também sementes

Espécies registradas

THRAUPIDAE

Sanhaçus, saíras e afins. Pássaros agitados e curiosos; ocorrem em diversos tipos de ambientes, frequentemente formando bandos, em alguns casos mistos. Ovos manchados; vozes variadas e complexas, algumas bastante melodiosas; plumagem colorida e vistosa (geralmente, machos coloridos e fêmeas com cores mais discretas). Dieta variada; matéria vegetal e animal consumida em diferentes proporções entre as espécies. Onze espécies registradas.

Cissopis leverianus

Tietinga
(Magpie Tanager)
Tamanho: 26-29 cm, 69-76 g
Subsistema: Paraná e Ivinhema
Hábitat: bordas de florestas, zonas arbustivas e áreas abertas com vegetação arbórea
Alimentação: frutos, botões florais, insetos e outros artrópodes, como aranhas capturados entre a vegetação

Nemosia pileata

Saíra-de-chapéu-preto (Hooded Tanager)
Tamanho: 12-14 cm, 14-20 g
Subsistema: Paraná, Baía e Ivinhema
Hábitat: bordas de florestas e zonas arbustivas com árvores
Alimentação: artrópodes, como besouros, grilos, lagartas e larvas, além de pequenos frutos apanhados principalmente na parte alta das árvores

Thlypopsis sordida

Saí-canário (Orange-headed Tanager)
Tamanho: 13-15,2 cm, 14,9-17 g
Subsistema: Paraná
Hábitat: zonas arbustivas, bordas de florestas e clareiras no interior de florestas
Alimentação: artrópodes, como besouros, grilos, borboletas, mariposas e aranhas, além de frutos e sementes apanhados entre a vegetação

Espécies registradas

Ramphocelus carbo

Pipira-vermelha, bico-de-louça (Silver-beaked Tanager)
Tamanho: 16-19 cm, 25-30,7 g
Subsistema: Paraná, Baía e Ivinhema
Hábitat: bordas de florestas e zonas arbustivas, geralmente próximas aos corpos d'água
Alimentação: frutos, sementes e vários artrópodes, como mariposas, aranhas, besouros, grilos e lagartas apanhados entre a vegetação

Thraupis sayaca

Sanhaçu-cinzento (Sayaca Tanager)
Tamanho: 15-18 cm, 30-42 g
Subsistema: Paraná, Baía e Ivinhema
Hábitat: bordas de florestas, zonas arbustivas e áreas abertas com árvores
Alimentação: frutos, flores, néctar, brotos, folhas novas e vários artrópodes, como mariposas, besouros, formigas e cupins alados, larvas, lagartas e grilos capturados entre a vegetação

THRAUPIDAE

Thraupis palmarum

Sanhaçu-do-coqueiro
(Palm Tanager)
Tamanho: 17-19 cm, 36 g
Subsistema: Paraná, Baía e Ivinhema
Hábitat: bordas de florestas, zonas arbustivas e áreas abertas, muitas vezes com a presença de palmeiras
Alimentação: frutos, sementes e vários artrópodes, como formigas e cupins alados, besouros, larvas, lagartas e grilos, capturados entre a vegetação ou em vôo

Tangara cayana

Saíra-amarela
(Burnished-buff Tanager)
Tamanho: 13-15 cm, 19-23 g
Subsistema: Paraná e Baía
Hábitat: bordas de florestas, áreas abertas e zonas arbustivas com árvores
Alimentação: frutos, sementes e artrópodes, como borboletas, grilos, besouros, lagartas, larvas e aranhas apanhados entre a vegetação

Espécies registradas

Tersina viridis

Saí-andorinha
(Swallow Tanager)
Tamanho: 14-15 cm, 30-32 g
Subsistema: Paraná, Baía e Ivinhema
Hábitat: zonas arbustivas com árvores, bordas e interior de florestas
Alimentação: sementes e frutos silvestres, além de pequenos artrópodes, como besouros, cupins e formigas aladas, borboletas e mariposas apanhados em vôos a partir de poleiros

**Dacnis cayana*

Saí-azul
(Blue Dacnis)
Tamanho: 11-13 cm, 15-16 g
Subsistema: Paraná, Baía e Ivinhema
Hábitat: interior e bordas de florestas e zonas arbustivas com árvores
Alimentação: sementes, pequenos frutos e néctar, além de pequenos artrópodes, como mariposas, besouros, borboletas, grilos, lagartas, larvas e aranhas capturados entre a vegetação

THRAUPIDAE

Hemithraupis guira

Saíra-de-papo-preto (Guira Tanager)
Tamanho: 13 cm, 9,5-14,1 g
Subsistema: Paraná
Hábitat: interior e bordas de florestas
Alimentação: frutos e insetos como besouros, grilos e percevejos, além de outros artrópodes, como aranhas

Conirostrum speciosum

Figuinha-de-rabo-castanho (Chestnut-vented Conebill)
Tamanho: 10-11 cm, 8 g
Subsistema: Paraná e Ivinhema
Hábitat: copas do interior e bordas de florestas
Alimentação: pequenos frutos, como erva-de-passarinho, além de pequenos artrópodes, como besouros, grilos, larvas, borboletas e lagartas capturados entre as folhas; comumente associado a bandos mistos de aves

Espécies registradas

EMBERIZIDAE

Tico-ticos, canários, coleirinhos e afins. Algumas espécies são visadas pelo tráfico de animais em função de seus belos cantos. Grande número de espécies; agitados, curiosos, ocorrem em diversos tipos de ambientes; muitos vivem em bandos. Ovos com diferentes padrões de cores. Vozes bastante variadas; plumagem em geral bastante vistosa; maioria das espécies com dimorfismo sexual (machos vistosos e fêmeas com cores mais discretas). Alimentação diversificada (onívoros, frugívoros, insetívoros e granívoros). Quatorze espécies registradas.

Zonotrichia capensis

Tico-tico
(Rufous-collared Sparrow)
Tamanho: 12-16 cm, 19-25 g
Subsistema: Paraná e Baía
Hábitat: áreas abertas, zonas arbustivas e bordas de florestas
Alimentação: sementes e pequenos artrópodes, como grilos, lagartas, formigas, besouros, aranhas e larvas apanhados geralmente no solo ou na vegetação baixa

EMBERIZIDAE 223

Aves da planície alagável do alto rio Paraná

Ammodramus humeralis

Tico-tico-do-campo
(Grassland Sparrow)
Tamanho: 11-13 cm, 15-18 g
Subsistema: Baía e Ivinhema
Hábitat: áreas abertas com vegetação rasteira
Alimentação: sementes e pequenos invertebrados, como grilos, minhocas, lagartas e besouros apanhados no chão

Sicalis flaveola

Canário-da-terra-verdadeiro
(Saffron Finch)
Tamanho: 12-14 cm, 16-23 g
Subsistema: Paraná, Baía e Ivinhema
Hábitat: áreas abertas
Alimentação: principalmente sementes, mas também alguns pequenos invertebrados apanhados no solo, sobretudo no período reprodutivo

Espécies registradas

Emberizoides herbicola

Canário-do-campo
(Wedge-tailed Grass-finch)
Tamanho: 18-20 cm, 27-30 g
Subsistema: Paraná, Baía e Ivinhema
Hábitat: várzeas e zonas arbustivas
Alimentação: sementes e invertebrados, como besouros, grilos, gafanhotos e minhocas apanhados no chão ou entre a vegetação baixa

Volatinia jacarina

Tiziu
(Blue-black Grassquit)
Tamanho: 9-12 cm, 8-12 g
Subsistema: Paraná, Baía e Ivinhema
Hábitat: áreas abertas e zonas arbustivas
Alimentação: sementes de gramíneas e pequenos artrópodes, como cupins, formigas, besouros, grilos, aranhas e lagartas apanhados no chão ou na vegetação baixa

EMBERIZIDAE 225

Sporophila collaris

Coleiro-do-brejo
(Rusty-collared Seedeater)
Tamanho: 11-13 cm, 13-14 g
Subsistema: Paraná, Baía e Ivinhema
Hábitat: várzeas alagadas, ambientes aquáticos com vegetação e zonas arbustivas próximas aos corpos d'água
Alimentação: sementes e pequenos artrópodes (principalmente no período reprodutivo), como grilos, besouros, lagartas, larvas e aranhas apanhados entre a vegetação baixa ou no chão

Sporophila lineola

Bigodinho
(Lined Seedeater)
Tamanho: 10-11,5 cm, 9 g
Subsistema: Paraná
Hábitat: áreas abertas e zonas arbustivas, geralmente com árvores
Alimentação: principalmente sementes, mas também pequenos artrópodes (sobretudo no período reprodutivo), como grilos, besouros, lagartas, larvas e aranhas apanhados entre a vegetação

Espécies registradas

Sporophila caerulescens

Coleirinho
(Double-collared Seedeater)
Tamanho: 10-12cm, 9-11g
Subsistema: Paraná, Baía e Ivinhema
Hábitat: áreas abertas e zonas arbustivas
Alimentação: principalmente sementes de gramíneas, mas também pequenos artrópodes (sobretudo no período reprodutivo), como grilos, besouros, lagartas, larvas e aranhas apanhados entre a vegetação

Sporophila leucoptera

Chorão
(White-bellied Seedeater)
Tamanho: 11-12,5cm, 12,5-14,5g
Subsistema: Baía e Ivinhema
Hábitat: várzeas, áreas abertas, zonas arbustivas e bordas de florestas
Alimentação: principalmente sementes de gramíneas, mas também pequenos artrópodes (sobretudo no período reprodutivo), como grilos, besouros, lagartas, larvas e aranhas apanhados entre a vegetação

EMBERIZIDAE

**Sporophila bouvreuil*

Caboclinho
(Capped Seedeater)
Tamanho: 9-10 cm, 8-10 g
Subsistema: Ivinhema
Hábitat: áreas abertas, zonas arbustivas e várzeas
Alimentação: principalmente sementes de gramíneas, mas também pequenos artrópodes (sobretudo no período reprodutivo), como grilos, besouros, lagartas, larvas e aranhas apanhados entre a vegetação

Sporophila angolensis

Curió
(Chestnut-bellied Seed-Finch)
Tamanho: 11-13 cm
Subsistema: Baía e Ivinhema
Hábitat: bordas de florestas, zonas arbustivas e várzeas próximas aos corpos d'água
Alimentação: principalmente sementes, mas também pequenos frutos e artrópodes (especialmente no período reprodutivo), como grilos, besouros, lagartas, larvas e aranhas apanhados entre a vegetação

Espécies registradas

Arremon flavirostris

Tico-tico-de-bico-amarelo
(Saffron-billed Sparrow)
Tamanho: 15-16,5 cm
Subsistema: Paraná
Hábitat: interior e bordas de florestas e zonas arbustivas
Alimentação: insetos capturados próximo ao solo e também pequenos frutos

Coryphospingus cucullatus

Tico-tico-rei
(Red-crested Finch)
Tamanho: 12-14 cm, 15-16 g
Subsistema: Paraná, Baía e Ivinhema
Hábitat: bordas de florestas e zonas arbustivas
Alimentação: pequenos frutos e sementes, além de invertebrados, como minhocas, larvas, grilos e besouros, geralmente apanhados no chão ou na vegetação baixa

EMBERIZIDAE

Paroaria capitata

Cavalaria, Galo-da-campina (Yellow-billed Cardinal)
Tamanho: 15-17cm
Subsistema: Paraná, Baía e Ivinhema
Hábitat: ambientes aquáticos com vegetação, várzeas alagadas e áreas abertas perto da água
Alimentação: sementes, frutos e pequenos invertebrados, como larvas, lagartas, grilos, aranhas e besouros apanhados no chão ou na vegetação

Espécies registradas

CARDINALIDAE

Trinca-ferros. Ocorrem em vários ambientes. Ovos com tonalidade azul-esverdeado. Vozes fortes e melodiosas, sendo alguns muito visados pelo comércio ilegal de aves. Plumagem variada, principalmente com tons de cinza, verde e azul. Sexos semelhantes na maioria das espécies. Alimentação diversificada (frugívoros, insetívoros e granívoros). Uma espécie registrada.

Saltator similis

Trinca-ferro-verdadeiro (Green-winged Saltator)
Tamanho: 19-22 cm, 42-53 g
Subsistema: Paraná e Ivinhema
Hábitat: interior e bordas de florestas
Alimentação: frutos, brotos, folhas, sementes e vários artrópodes, como besouros, aranhas, lagartas, grilos e gafanhotos apanhados entre a vegetação

PARULIDAE

Piá-cobra, pula-pula, mariquita. Pássaros muito ativos e acrobáticos. Fazem ninhos em árvores e arbustos; põem até 4 ovos manchados. Vozes agradáveis; coloração variável, frequentemente com tons de amarelo; em algumas espécies, machos e fêmeas são diferentes. Insetívoros ou onívoros. Três espécies registradas.

Parula pitiayumi

Mariquita
(Tropical Parula)
Tamanho: 11 cm
Subsistema: Paraná e Ivinhema
Hábitat: interior e bordas de florestas, zonas arbustivas e áreas abertas com vegetação arbórea
Alimentação: principalmente insetos e outros artrópodes geralmente capturados na copa das árvores; ocasionalmente pequenos frutos

Espécies registradas

Geothlypis aequinoctialis

Pia-cobra
(Masked Yellowthroat)
Tamanho: 13-14 cm, 11-14 g
Subsistema: Paraná Baía e Ivinhema
Hábitat: várzeas e zonas arbustivas próximas aos corpos d'água
Alimentação:
pequenos artrópodes, como besouros, aranhas, grilos, borboletas, mariposas e lagartas capturados na vegetação baixa

Basileuterus culicivorus

Pula-pula
(Golden-crowned Warbler)
Tamanho: 12-14 cm, 8-10 g
Subsistema: Paraná e Ivinhema
Hábitat: interior e bordas de florestas
Alimentação: vários pequenos artrópodes, como besouros, larvas, grilos, borboletas, aranhas e lagartas capturados na vegetação baixa e ocasionalmente no solo; comumente associado a bandos mistos de aves

ICTERIDAE

Chopins, pássaro-preto, guaxe e afins. A maioria vive em grupos muito ativos. Ninhos de tamanhos variados e formas variados, muitas vezes pendurados em galhos. Alguns vivem em colônias e outros são parasitas de ninhos; põem ovos manchados. Cores vistosas com predomínio do negro; sexos geralmente semelhantes com relação a coloração; fêmea menor em algumas espécies. Onívoros. Treze espécies registradas.

*Cacicus chrysopterus

Tecelão
(Golden-winged Cacique)
Tamanho: 19-21 cm, 31-39 g
Subsistema: Ivinhema
Hábitat: interior e bordas de florestas
Alimentação: vários artrópodes, como besouros, larvas, grilos, borboletas, aranhas e lagartas capturados na parte alta das árvores, além de diversos frutos

Espécies registradas

Cacicus haemorrhous

Guaxe
(Red-rumped Cacique)
Tamanho: 22-30 cm, 62-93 g
Subsistema: Paraná e Ivinhema
Hábitat: interior e bordas de florestas, áreas abertas e zonas arbustivas com árvores
Alimentação: vários artrópodes, como besouros, larvas, grilos, borboletas, aranhas e lagartas capturados na parte alta das árvores e às vezes em vôo, além de diversos frutos

Icterus cayanensis

Encontro, melro
(Epaulet Oriole)
Tamanho: 19-22 cm, 29-43 g
Subsistema: Paraná, Baía e Ivinhema
Hábitat: bordas de florestas e áreas abertas com árvores
Alimentação: vários artrópodes, como gafanhotos, grilos, lagartas, besouros, mariposas, aranhas e larvas, além de néctar, flores e frutos apanhados na copa das árvores utilizando-se de movimentos acrobáticos

ICTERIDAE

Icterus croconotus

João-pinto
(Orange-Backed Troupial)
Tamanho: 21-23 cm, 60-70 g
Subsistema: Baía e Ivinhema
Hábitat: bordas de florestas e zonas arbustivas com árvores
Alimentação: vários artrópodes, como gafanhotos, grilos, lagartas, besouros, mariposas, aranhas e larvas, além de néctar, flores e frutos apanhados na copa das árvores ou em arbustos

Gnorimopsar chopi

Graúna, pássaro-preto
(Chopi Blackbird)
Tamanho: 21-25,5 cm, 75-84 g
Subsistema: Baía e Ivinhema
Hábitat: áreas abertas com árvores esparsas
Alimentação: grãos, inclusive os cultivados, frutos e artrópodes, como cupins, grilos, lagartas, besouros, aranhas e gafanhotos apanhados no solo ou na vegetação

Espécies registradas

Amblyramphus holosericeus

Cardeal-do-banhado (Scarlet-headed Blackbird)
Tamanho: 22-25 cm, 75-86 g
Subsistema: Ivinhema
Hábitat: ambientes aquáticos com vegetação e várzeas alagadas
Alimentação: artrópodes, como besouros, aranhas, grilos, gafanhotos, lagartas e larvas, além de sementes e grãos apanhados junto a vegetação

Agelasticus cyanopus

Carretão (Unicolored Blackbird)
Tamanho: 18-19,5 cm
Subsistema: Baía e Ivinhema
Hábitat: ambientes aquáticos com vegetação e várzeas alagadas
Alimentação: sementes e invertebrados, como besouros, aranhas, grilos, gafanhotos, lagartas e larvas, apanhados na vegetação

ICTERIDAE

Chrysomus ruficapillus

Garibaldi
(Chestnut-capped Blackbird)
Tamanho: 16-20 cm, 32-45 g
Subsistema: Paraná e Ivinhema
Hábitat: ambientes aquáticos com vegetação e várzeas alagadas
Alimentação: sementes, grãos e vários artrópodes, como besouros, aranhas, grilos, gafanhotos, lagartas e larvas, apanhados na vegetação ou no chão

Pseudoleistes guirahuro

Chopim-do-brejo
(Yellow-rumped Marshbird)
Tamanho: 22-25 cm, 70-98 g
Subsistema: Ivinhema
Hábitat: várzeas e áreas abertas úmidas ou secas
Alimentação: sementes, grãos e vários artrópodes, como besouros, aranhas, grilos, gafanhotos, lagartas e larvas, apanhados junto aos brejos ou no chão

Espécies registradas

Molothrus rufoaxillaris

Vira-bosta-picumã, chopim-de-axila-vermelha (Screaming Cowbird)
Tamanho: 18-21 cm, 38-65 g
Subsistema: Ivinhema
Habitat: áreas abertas e zonas arbustivas
Alimentação: sementes, grãos e vários invertebrados, como gafanhotos, grilos, aranhas, larvas, lagartas e besouros apanhados no chão, em locais de vegetação rasteira

**Molothrus oryzivorus*

Iraúna-grande (Giant Cowbird)
Tamanho: 30-36 cm, 130-176 g
Subsistema: Ivinhema
Hábitat: bordas de florestas, áreas abertas e zonas arbustivas com árvores
Alimentação: grãos e vários invertebrados, como besouros, grilos, gafanhotos, lagartas e aranhas apanhados em arbustos ou no chão, em locais de vegetação rasteira

ICTERIDAE

Aves da planície alagável do alto rio Paraná

Molothrus bonariensis

Vira-bosta, chopim (Shiny Cowbird)
Tamanho: 16-21 cm, 41-63 g
Subsistema: Paraná, Baía e Ivinhema
Hábitat: áreas abertas e zonas arbustivas
Alimentação: sementes, grãos e vários invertebrados, como gafanhotos, grilos, aranhas, larvas, lagartas e besouros apanhados na vegetação ou no chão, em locais de vegetação rasteira

Sturnella superciliaris

Polícia-inglesa-do-sul (White-browed Blackbird)
Tamanho: 17-20 cm, 39-53 g
Subsistema: Paraná, Baía e Ivinhema
Hábitat: áreas abertas, principalmente campos
Alimentação: sementes, brotos de plantas herbáceas e invertebrados, como besouros, grilos, gafanhotos, lagartas, larvas, minhocas e aranhas apanhados no chão

ICTERIDAE

Espécies registradas

FRINGILLIDAE

Pintassilgo e gaturamos. Pássaros pequenos; algumas espécies formam grupos numerosos e agitados. Ovos pequenos. Plumagem geralmente com cores fortes contrastantes, predominando o amarelo e o preto; machos e fêmeas diferentes. Frugívoros, em sua maioria. Três espécies registradas.

Carduelis magellanica

Pintassilgo
(Hooded Siskin)
Tamanho: 10-12 cm, 11 g
Subsistema: Paraná
Hábitat: áreas abertas, zonas arbustivas e bordas de florestas
Alimentação: sementes e, em menor grau, pequenos artrópodes, como grilos, aranhas, besouros e lagartas capturados na vegetação baixa ou na copa das árvores

FRINGILLIDAE 241

Euphonia chlorotica

Fim-fim
(Purple-throated Euphonia)
Tamanho: 9-12 cm, 8-11 g
Subsistema: Paraná e Ivinhema
Hábitat: bordas de florestas, áreas abertas e zonas arbustivas com árvores
Alimentação: principalmente pequenos frutos, como erva-de-passarinho e embaúba, mas também pequenos artrópodes (sobretudo no período reprodutivo), como grilos, besouros, lagartas e larvas apanhados na parte alta das árvores e arbustos

**Euphonia violacea*

Gaturamo-verdadeiro
(Violaceous Euphonia)
Tamanho: 10-12 cm, 15 g
Subsistema: Paraná
Hábitat: zonas arbustivas com árvores, interior e bordas de florestas
Alimentação: principalmente pequenos frutos, como erva-de-passarinho; também pequenos artrópodes (sobretudo no período reprodutivo), como grilos, besouros, lagartas e larvas apanhados na parte alta das árvores e arbustos

FRINGILLIDAE

Espécies registradas

PASSERIDAE

Pardal. Espécie introduzida no Brasil, vive em áreas alteradas e ocupadas pelo homem. Agitado e barulhento, vive em bandos. Faz ninhos em árvores e em construções e põe ovos manchados. Coloração modesta; machos e fêmeas com coloração diferente. Onívoro. Uma espécie.

Passer domesticus

Pardal
(House Sparrow)
Tamanho: 13-15 cm, 24-30 g
Subsistema: Paraná, Baía e Ivinhema
Hábitat: áreas abertas, principalmente as antropizadas
Alimentação: sementes, grãos e pequenos invertebrados, como besouros, lagartas, larvas, aranhas, minhocas, cupins e grilos apanhados no chão ou na vegetação

REFERÊNCIAS

AGOSTINHO, A. A. Qualidade dos habitats e perspectivas para a conservação. In: VAZZOLER, A. E. A. de M.; AGOSTINHO, A. A.; HAHN, N. S. (Ed.). **A planície de inundação do alto rio Paraná:** aspectos físicos, biológicos e socioeconômicos. Maringá: EDUEM: Nupélia, 1997. cap. iv, p. 455-460.

AGOSTINHO, A. A.; JÚLIO JÚNIOR, H. F.; PETRERE JUNIOR, M. Itaipu Reservoir (Brazil): impacts of the impoundment on the fish fauna and fisheries. In: COWX, I. G. (Ed). **Rehabilitation of freshwater fisheries**. Osney Mead: Fishing News Books, 1994. ch. 16, p. 171-184.

AGOSTINHO, A. A.; VAZZOLER, A. E. A. de M.; THOMAZ, S. M. The High River Paraná basin: limnological and ichtyological aspects. In: TUNDISI, J. G.; BICUDO, C. E. M.; MATSUMURA-TUNDISI, T. (Ed.). **Limnology in Brazil**. Rio de Janeiro: ABC/SBL, 1995. p. 59-103.

AGOSTINHO, A. A.; ZALEWSKI, M. **A planície alagável do alto rio Paraná**: importância e preservação = **(Upper Paraná River floodplain**: importance and preservation). Maringá: EDUEM, 1996. 100 p., il.

ANJOS, L. dos. A avifauna da bacia do rio Tibagi. In: MEDRI, M. E.; BIANCHINI, E.; SHIBATTA, O. A.; PIMENTA, J. A. (Ed.). **A bacia do rio Tibagi**. Londrina: M. E. Medri, 2002. cap. 15, p. 271-281.

ANJOS, L. dos; SEGER, C. D. Análise da distribuição das aves em um trecho do rio Paraná, divisa entre os Estados do Paraná e Mato Grosso do Sul. **Arquivos de Biologia e Tecnologia**, Curitiba, v. 31, n. 4, p. 603-612, 1988.

ANTAS, P. T. Z.; PALO JUNIOR, H. **Pantanal - guia de aves:** espécies da Reserva Particular do Patrimônio Natural do SESC Pantanal. Rio de Janeiro: SESC, Dep. Nacional, 2004. 246 p., il.

CAMPOS, J. B.; SOUZA, M. C. Vegetação. In: VAZZOLER, A. E. A. de M.; AGOSTINHO, A. A.; HAHN, N. S. (Ed.). **A planície de inundação do alto rio Paraná:** aspectos físicos, biológicos e socioeconômicos. Maringá: EDUEM: Nupélia, 1997. cap. II.11, p. 331-342.

CENTRAIS ELÉTRICAS DO SUL DO BRASIL (ELETROSUL). **Ilha Grande**. Florianópolis, 1986. v. 4: A vegetação da área de influência do reservatório da Usina Hidrelétrica de Iha Grande (PR./MS) / Levantamento na escala 1:250.000. Relatório de pesquisa.

COMITÊ BRASILEIRO DE REGISTROS ORNITOLÓGICOS (CBRO). **Lista das aves do Brasil. Versão [2006]**. Disponível em: < http://www.cbro.org.br >. Acesso em: 26 mar. 2006.

CONSÓRCIO INTERMUNICIPAL PARA CONSERVAÇÃO DO REMANESCENTE DO RIO PARANÁ E ÁREAS DE INFLUÊNCIA (CORIPA). **Zoneamento ecológico-econômico das APA's intermunicipais de Ilha Grande, Paraná**. Curitiba, 1996. v. 3: Apêndice: listagens da flora e fauna.

CORIPA VER CONSÓRCIO INTERMUNICIPAL PARA CONSERVAÇÃO DO REMANESCENTE DO RIO PARANÁ E ÁREAS DE INFLUÊNCIA (CORIPA).

DE SCHAUENSEE, R. M. **A guide to the birds of South America**. Illustrations by George M. Sutton. Reprinted with additions with new addeda by R. Meyer. Philadelphia: Intercollegiate Press, 1982. 498 p., ill.

DEL HOYO, J.; ELLIOTT, A.; SARGATAL, J. **Handbook of the birds of the world.** Barcelona: Lynx Edicions, 1992-2005. 10 v., ill. col.

DEVELEY, P. F.; ENDRIGO, E. **Aves da Grande São Paulo:** guia de campo = **Birds of greater São Paulo** : field guide. Versão para o inglês/English Jeremy Minns. São Paulo: Aves e Fotos Editora, 2004. 295 p., il. color.

GIMENES, M. R.; ANJOS, L. dos. Bird richness on the islands of the Upper Paraná River, Paraná and Mato Grosso do Sul border, Brazil. In: AGOSTINHO, A. A.; RODRIGUES, L.; GOMES, L. C.; THOMAZ, S. M.; MIRANDA, L. E. (Ed.). **Structure and functioning of the Paraná River and its floodplain:** LTER - site 6 (PELD-sítio 6). Maringá: EDUEM, 2004a. p. 203-207.

GIMENES, M. R.; ANJOS, L. dos. Influence of lagoons size and prey availability on the wading birds (Ciconiiformes) in the Upper Paraná River floodplain, Brazil. **Brazilian Archives of Biology and Technology**, Curitiba, v. 49, no. 3, p. 463-473, May 2006.

GIMENES, M. R.; ANJOS, L. dos. Spatial distribution of birds on three islands in the Upper River Paraná, southern Brazil. **Ornitologia Neotropical**, Montreal, v. 15, p. 71-85, 2004b.

INSTITUTO AMBIENTAL DO PARANÁ. **Plano de manejo:** Estação Ecológica de Caiuá, Diamante do Norte (PR). Curitiba: IAP/GTZ, 1997. 1 v.

Referências

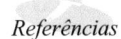

LOURES-RIBEIRO, A.; ANJOS, L. dos. Ameaças aos senhores do ar. **Ciência Hoje**, Rio de Janeiro, v. 35, n. 209, p. 66-69, out. 2004a.

LOURES-RIBEIRO, A.; ANJOS, L. dos. Falconiformes assemblages in a fragmented landscape of the Atlantic Forest in southern Brazil. **Brazilian Archives of Biology and Technology**, Curitiba, v. 49, no. 1, p. 149-162, Jan. 2006.

LOURES-RIBEIRO, A.; ANJOS, L. dos. Richness and distribution of Falconiformes in the Upper Paraná River floodplain, Brazil. In: AGOSTINHO, A. A.; RODRIGUES, L.; GOMES, L. C.; THOMAZ, S. M.; MIRANDA, L. E. (Ed.). **Structure and functioning of the Paraná River and its floodplain:** LTER - site 6 (PELD-sítio 6). Maringá: EDUEM, 2004b. p. 209-213.

MAACK, R. **Geografia física do Estado do Paraná.** Apresentação Riad Salamuni. Introdução Aziz Nacib Ab´ Sabber. 2. ed. Rio de Janeiro: J. Olympio; Curitiba: Secretaria da Cultura e do Esporte, 1981. 442 p., il. + mapas.

MENDONÇA, L. B.; ANJOS, L. dos. Flower morphology, nectar features, and hummingbird visitation to *Palicourea crocea* (Rubiaceae) in the Upper Paraná River floodplain, Brazil. **Anais da Academia Brasileira de Ciências**, Rio de Janeiro, v. 78, n. 1, p. 45 - 57, 2006.

MENDONÇA, L. B.; GIMENES, M. R.; ANJOS, L. dos. Interactions between birds and other organisms in the Upper Paraná River floodplain, Brazil. In: AGOSTINHO, A. A.; RODRIGUES, L.; GOMES, L. C.; THOMAZ, S. M.; MIRANDA, L. E. (Ed.). **Structure and functioning of the Paraná River and its floodplain:** LTER - site 6 (PELD – sítio 6). Maringá: EDUEM, 2004. p. 215-220.

NAROSKY, T.; YZURIETA, D. **Guia para la identificacion de las aves de Argentina y Uruguay**. 4. ed. Buenos Aires: V. Mazzini Editores, 1993. 345 p., il. color.

PAIVA, M. P. **Grandes represas do Brasil**. Brasília, DF: Editerra, 1982. 292 p.

PEÑA, M. R. de la; RUMBOLL, M. **Birds of southern South America and Antarctica.** Illustrated by Gustavo Carrizo, Aldo A. Chiappe, Luis Huber, and Jorge R. Mata. Princeton: Princeton University Press, 2001. 304 p., ill.

PINTO, O. M. O.; CAMARGO, E. A. Lista anotada de aves colecionadas nos limites ocidentais do Estado do Paraná. **Papéis Avulsos do Departamento de Zoologia**, São Paulo, v. 12, n. 9, p. 215-234, 1956.

REMSEN, J. V. ,Jr.; CADENA, C. D.; JARAMILLO, A.; NORES, M.; PACHECO, J. F.; ROBBINS, M. B.; SCHULENBERG, T. S.; STILES, F. G.; STOTZ, D. F.; ZIMMER, K. J. **A classification of the bird species of South America. American Ornithologists' Union. Versão [2005]**. Disponível em: < http://www.museum.lsu.edu/~Remsen/SACCBaseline.html >. Acesso em: 19 dez. 2005.

RIDGELY, R. S.; TUDOR, G. **The birds of South America**. With the collaboration of William L. Brown in association with World Wildlife Fund. 1st ed. Austin: University of Texas Press, 1989.

RIDGELY, R. S.; TUDOR, G. **The birds of South America**. With the collaboration of William L. Brown in association with World Wildlife Fund. Oxford: Oxford University Press, 1994. v.2: The suboscine passerines.

SCHERER-NETO, P.; STRAUBE, F. C. **Aves do Paraná (história, lista anotada e bibliografia)**. Apresentação Dante Martins Teixeira, Roberto Brandão Cavalcanti. Curitiba: Edição dos autores, 1995. 79 p., il.

SICK, H. **Ornitologia brasileira**. Rio de Janeiro: Nova Fronteira, 1997. 904 p., il.

SOUZA, D. **Todas as aves do Brasil:** guia de campo para identificação. Ilustrado pelo autor e Osmar Borges. Feira de Santana: Editora DALL, c2004. 350 p., il. (algumas color.).

SOUZA, M. C.; CISLINSKI, J.; ROMAGNOLO, M. B. Levantamento florístico. In: VAZZOLER, A. E. A. de M.; AGOSTINHO, A. A.; HAHN, N. S. (Ed.). **A planície de inundação do alto rio Paraná:** aspectos físicos, biológicos e socioeconômicos. Maringá: EDUEM: Nupélia, 1997. cap. II. 12, p. 343-368.

SOUZA, M. C.; KITA, K. K. Formações vegetais ripárias da planície alagável do alto rio Paraná, Estados do Paraná e Mato Grosso do Sul, Brasil. In: UNIVERSIDADE ESTADUAL DE MARINGÁ. NUPÉLIA/PELD. **A planície de inundação do alto rio Paraná:** SITE 6 – PELD/CNPq. Coordenação de A. A. Agostinho, S. M. Thomaz, L. Rodrigues, L. C. Gomes. Maringá, 2002. cap. 3, p. 197–201. Relatório técnico anual (2002) PELD/CNPq.

Referências

SOUZA FILHO, E. E.; STEVAUX, J. C. Geologia e geomorfologia do complexo rio Baía, Curutuba, Ivinheima. In: VAZZOLER, A. E. A. de M.; AGOSTINHO, A. A.; HAHN, N. S. (Ed.). **A planície de inundação do alto rio Paraná:** aspectos físicos, biológicos e socioeconômicos. Maringá: EDUEM: Nupélia, 1997. cap. I.1, p. 3-46.

STEVAUX, J. C.; SOUZA FILHO, E. E.; JABUR, I. C. A história quaternária do rio Paraná em seu alto curso. In: VAZZOLER, A. E. A. de M.; Agostinho, A. A.; Hahn, N. S. (Ed.). **A planície de inundação do alto rio Paraná:** aspectos físicos, biológicos e socioeconômicos. Maringá: EDUEM: Nupélia, 1997. cap. I.2, p. 47-72.

STRAUBE, F. C. Sobre uma coleção de aves do extremo noroeste do Estado do Paraná, obtida por André Mayer entre os anos de 1945 a 1952. In: CONGRESSO BRASILEIRO DE ZOOLOGIA, 15., Curitiba, 1988. **Resumos...** Curitiba: SBZ, 1988. p. 506.

STRAUBE, F. C.; BORNSCHEIN, M. R. **Expedição ornitológica a Porto Rico (Paraná) e adjacências do Estado do Mato Grosso do Sul.** Curitiba: Museu de História Natural Capão da Imbuia/PMC; Maringá: Nupélia, 1991. Não paginado. Relatório técnico.

STRAUBE, F. C.; BORNSCHEIN, M. R. **Lista anotada das aves do noroeste do Paraná e limites extremos do sul do Mato Grosso do Sul e sudoeste de São Paulo.** Curitiba: Seção de Ornitologia, MHNCI. MS, 1989.

STRAUBE, F. C.; BORNSCHEIN, M. R. News or noteworthy records of birds from northwestern Parana and adjacent areas. **Bulletin of the British Ornithologists´ Club**, Hurley, v. 115, no. 4, p. 219-225, 1995.

STRAUBE, F. C.; BORNSCHEIN, M. R.; SCHERER-NETO, P. Coletânea da avifauna da região Noroeste do Estado do Paraná e áreas limítrofes (Brasil). **Arquivos de Biologia e Tecnologia**, Curitiba, v. 39, n. 1, p. 193-214, mar.1996.

SZTOLCMAN, J. Étude des collections ornithologiques de Paraná. **Annales Zoologici Musei Polonici Historiae Naturalis**, Varsóvia, v. 5, p. 107-196, 1926.

THEMAG ENGENHARIA E GERENCIAMENTO (THEMAG); ENGEA AVALIAÇÕES, ESTUDO DO PATRIMONIO E ENGENHARIA (ENGEA). **Usina Hidrelétrica Porto Primavera**: estudo de impacto ambiental. São Paulo: CESP, 1994. v. 3: Diagnóstico do meio biótico.

THOMAZ, S. M.; ROBERTO, M. C.; BINI, L. M. Caracterização limnológica dos ambientes aquáticos e influência dos níveis fluviométricos. In: VAZZOLER, A. E. A. de M.; AGOSTINHO, A. A.; HAHN, N. S. (Ed.). **A planície de inundação do alto rio Paraná:** aspectos físicos, biológicos e socioeconômicos. Maringá: EDUEM: Nupélia, 1997. cap. I.3, p. 73-102.

VASCONCELOS, M. F.; ROOS, A. L. Novos registros de aves para o Parque Estadual do Morro do Diabo, São Paulo. **Melopsittacus:** Revista de Ornitologia e Ornitofilia, Belo Horizonte, v. 3, n. 2, p. 81-84, abr./maio/jun. 2000.

WELCOMME, R. L. **Fisheries ecology of floodplain rivers**. London; New York: Longman, 1979. 317 p., ill.

WILLIS, E. O.; ONIKI, Y. Levantamento preliminar de aves em treze áreas do Estado de São Paulo. **Revista Brasileira de Biologia**, Rio de Janeiro, v. 41, n.1, p. 121 135, fev. 1981.

Apêndice A

APÊNDICE A - Espécies de aves já registradas na planície alagável do alto rio Paraná (da foz superior do rio Ivinhema à área alagada em Porto Primavera) em levantamentos precedentes (THEMAG; ENGEA, 1994; STRAUBE; BORNSCHEIN; SCHERER-NETO, 1996), mas cuja presença atual na região precisa ser confirmada.

(continua)

Taxa	Nome popular	Nome em Inglês
TINAMIDAE		
Tinamus solitarius	Macuco	Solitary Tinamou
Crypturellus obsoletus	Inhambuguaçu	Brown Tinamou
ANHIMIDAE		
Chauna torquata	Tachã	Southern Screamer
ANATIDAE		
Sarkidiornis sylvicola	Pato-de-crista	Comb Duck
Callonetta leucophrys	Marreca-de-coleira	Ringed Teal
Netta erythrophthalma	Paturi-preta	Southern Pochard
Nomonyx dominica	Marreca-de-bico-roxo	Masked Duck
CRACIDAE		
Aburria jacutinga	Jacutinga	Black-fronted Piping-Guan
ODONTOPHORIDAE		
Odontophorus capueira	Uru	Spot-winged Wood-Quail
PODICIPEDIDAE		
Tachybaptus dominicus	Mergulhão-pequeno	Least Grebe
Podilymbus podiceps	Mergulhão-caçador	Pied-billed Grebe

(continuação)

Taxa	Nome popular	Nome em Inglês
ARDEIDAE		
Tigrisoma fasciatum	Socó-boi-escuro	Fasciated Tiger-Heron
Cochlearius cochlearius	Arapapá	Boat-billed Heron
Ixobrychus sp	Socoí	
THRESKIORNITHIDAE		
Plegadis chihi	Caraúna-de-cara-branca	White-faced Ibis
ACCIPITRIDAE		
Buteo swainsoni	Gavião-papa-gafanhoto	Swainson's Hawk
Spizaetus tyrannus	Gavião-pega-macaco	Black Hawk-Eagle
FALCONIDAE		
Ibycter americanus	Gralhão	Red-throated Caracara
Falco peregrinus	Falcão-peregrino	Peregrine Falcon
RALLIDAE		
Porzana flaviventer	Sanã-amarela	Yellow-breasted Crake
Pardirallus maculatus	Saracura-carijó	Spotted Rail
CHARADRIIDAE		
Vanellus cayanus	Batuíra-de-esporão	Pied Lapwing
Charadrius semipalmatus	Batuíra-de-bando	Semipalmated Plover
SCOLOPACIDAE		
Gallinago undulata	Narcejão	Giant Snipe

Apêndice A

(continuação)

Taxa	Nome popular	Nome em Inglês
Tringa melanoleuca	Maçarico-grande-de-perna-amarela	Greater Yellowlegs
Calidris melanotos	Maçarico-de-colete	Pectoral Sandpiper
CUCULIDAE		
Coccyzus cinereus	Papa-lagarta-cinzento	Ash-colored Cuckoo
STRIGIDAE		
Megascops watsonii	Corujinha-orelhuda	Tawny-bellied Screech-Owl
Asio stygius	Mocho-diabo	Stygian Owl
CAPRIMULGIDAE		
Chordeiles pusillus	Bacurauzinho	Least Nighthawk
TROCHILIDAE		
Chrysolampis mosquitus	Beija-flor-vermelho	Ruby-topaz Hummingbird
Amazilia versicolor	Beija-flor-de-banda-branca	Versicolored Emerald
Calliphlox amethystina	Estrelinha-ametista	Amethyst Woodstar
ALCEDINIDAE		
Chloroceryle inda	Martim-pescador-da-mata	Green-and-rufous Kingfisher
Chloroceryle aenea	Martinho	Pygmy King
BUCCONIDAE		
Nystalus maculatus	Rapazinho-dos-velhos	Spot-backed Puffbird

253

Aves da planície alagável do alto rio Paraná

(continuação)

Taxa	Nome popular	Nome em Inglês
RAMPHASTIDAE		
Ramphastos dicolorus	Tucano-de-bico-verde	Red-breasted Toucan
Selenidera maculirostris	Araçari-poca	Spot-billed Toucanet
Pteroglossus bailloni	Araçari-banana	Saffron Toucanet
PICIDAE		
Picoides mixtus	Pica-pau-chorão	Checkered Woodpecker
MELANOPAREIIDAE		
Melanopareia torquata	Tapaculo-de-colarinho	Collared Crescent-chest
THAMNOPHILIDAE		
Thamnophilus punctatus	Choca-bate-cabo	Northern Slaty-Antshrike
Thamnophilus torquatus	Choca-de-asa-vermelha	Rufous-winged Antshrike
Herpsilochmus atricapillus	Chorozinho-de-chapéu-preto	Black-capped Antwren
SCLERURIDAE		
Geositta poeciloptera	Andarilho	Campo Miner
FURNARIIDAE		
Synallaxis albescens	Uí-pi	Pale-breasted Spinetail
Synallaxis hypospodia	João-grilo	Cinereous-breasted Spinetail
Phacellodomus ruffifrons	João-de-pau	Rufous-fronted Thornbird
Philydor lichtensteini	Limpa-folha-ocráceo	Ochre-breasted Foliage-gleaner
Philydor rufum	Limpa-folha-de-testa-baia	Buff-fronted Foliage-gleaner

Apêndice A

(continuação)

Taxa	Nome popular	Nome em Inglês
TYRANNIDAE		
Elaenia cristata	Guaracava-de-topete-uniforme	Plain-crested Elaenia
Suiriri suiriri	Suiriri-cinzento	Suiriri Flycatcher
Sublegatus modestus	Guaracava-modesta	Southern Scrub-Flycatcher
Platyrinchus mystaceus	Patinho	White-throated Spadebill
Onychorhynchus coronatus	Maria-leque	Royal Flycatcher
Contopus cinereus	Papa-moscas-cinzento	Tropical Pewee
Xolmis cinereus	Primavera	Gray Monjita
Philohydor lictor	Bentevizinho-do-brejo	Lesser Kiskadee
Tyrannus albogularis	Suiriri-de-garganta-branca	White-throated Kingbird
PIPRIDAE		
Neopelma pallescens	Fruxu-do-cerradão	Pale-bellied Tyrant-Manakin
Manacus manacus	Rendeira	White-bearded Manakin
Chiroxiphia caudata	Tangará	Swallow-tailed Manakin
TITYRIDAE		
Pachyramphus castaneus	Caneleiro	Chestnut-crowned Becard
HIRUNDINIDAE		
Alopochelidon fucata	Andorinha-morena	Tawny-headed Swallow
POLIOPTILIDAE		
Polioptila dumicola	Balança-rabo-de-máscara	Masked Gnatcatcher

(conclusão)

Taxa	Nome popular	Nome em Inglês
THRAUPIDAE		
Cypsnagra hirundinacea	Bandoleta	White-rumped Tanager
Tachyphonus coronatus	Tié-preto	Ruby-crowned Tanager
Tachyphonus rufus	Pipira-preta	White-lined Tanager
Neothraupis fasciata	Cigarra-do-campo	White-banded Tanager
EMBERIZIDAE		
Embernagra platensis	Sabiá-do-banhado	Great Pampa-Finch
Sporophila plumbea	Patativa	Plumbeous Seedeater
Sporophila maximiliani	Bicudo	Great-billed Seed-Finch
Arremon tactiturnus	Tico-tico-de-bico-preto	Pectoral Sparrow
Charitospiza eucosma	Mineirinho	Coal-crested Finch
CARDINALIDAE		
Saltator atricollis	Bico-de-pimenta	Black-throated Saltator
Cyanocompsa brissonii	Azulão	Ultramarine Grosbeak
ICTERIDAE		
Procacicus solitarius	Iraúna-de-bico-branco	Solitary Black Cacique
Cacicus cela	Xexéu	Yellow-rumped Cacique

Apêndice B

APÊNDICE B - Espécies de aves já registradas nos levantamentos precedentes (WILLIS; ONIKI, 1981; CORIPA, 1996; STRAUBE; BORNSCHEIN; SCHERER-NETO, 1996; INSTITUTO AMBIENTAL DO PARANÁ, 1997; VASCONCELOS; ROOS, 2000) em localidades adjacentes à região enfocada neste estudo. Várias delas tem potencial para serem registradas na Planície.

(continua)

Taxa	Nome popular	Nome em Inglês
ANATIDAE		
Dendrocygna bicolor	Marreca-caneleira	Fulvous Whistling-Duck
CRACIDAE		
Penelope obscura	Jacuaçu	Dusky-legged Guan
PODICIPEDIDAE		
Podicephorus major	Mergulhão-grande	Great Grebe
ARDEIDAE		
Botaurus pinnatus	Socó-boi-baio	Pinnated Bittern
CATHARTIDAE		
Vultur gryphus	Condor	Andean Condor
ACCIPITRIDAE		
Leptodon cayanensis	Gavião-de-cabeça-cinza	Gray-headed Kite
Harpagus diodon	Gavião-bombachinha	Rufous-thighed Kite
Leucopternis polionotus	Gavião-pombo-grande	Mantled Hawk
Buteo albicaudatus	Gavião-de-rabo-branco	White-tailed Hawk

(continuação)

Taxa	Nome popular	Nome em Inglês
Buteo albonotatus	Gavião-de-rabo-barrado	Zone-tailed Hawk
Spizaetus melanoleucus	Gavião-pato	Black-and-white Hawk-Eagle
Spizaetus ornatus	Gavião-de-penacho	Ornate Hawk-Eagle
FALCONIDAE		
Micrastur ruficollis	Falcão-caburé	Barred Forest-Falcon
RALLIDAE		
Gallinula melanops	Frango-d'água-carijó	Spot-flanked Gallinule
CHARADRIIDAE		
Charadrius modestus	Batuíra-de-peito-tijolo	Rufous-chested Dotterel
SCOLOPACIDAE		
Calidris minutilla	Maçariquinho	Least Sandpiper
COLUMBIDAE		
Patagioenas plumbea	Pomba-amargosa	Plumbeous Pigeon
Geotrygon violacea	Juriti-vermelha	Violaceous Quail-Dove
PSITTACIDAE		
Pionopsitta pileata	Cuiú-cuiú	Red-capped Parrot
Amazona amazonica	Curica	Orange-winged Parrot
Amazona vinacea	Papagaio-de-peito-roxo	Vinaceous Parrot

Apêndice B

(continuação)

Taxa	Nome popular	Nome em Inglês
CUCULIDAE		
Coccyzus euleri	Papa-lagarta-de-euler	Pearly-breasted Cuckoo
STRIGIDAE		
Megascops atricapilla	Corujinha-sapo	Black-capped Screech-Owl
Strix hylophila	Coruja-listrada	Rusty-barred Owl
Asio flammeus	Mocho-dos-banhados	Short-eared Owl
NYCTIBIIDAE		
Nyctibius aethereus	Mãe-da-lua-parda	Long-tailed Potoo
CAPRIMULGIDAE		
Nyctiphrynus ocellatus	Bacurau-ocelado	Ocellated Poorwill
Macropsalis forcipata	Bacurau-tesoura-gigante	Long-trained Nightjar
APODIDAE		
Cypseloides fumigatus	Taperuçu-preto	Sooty Swift
Cypseloides senex	Taperuçu-velho	Great Dusky Swift
Chaetura cinereiventris	Andorinhão-de-sobre-cinzento	Gray-rumped Swift
Chaetura meridionalis	Andorinhão-do-temporal	Sick's Swift
TROCHILIDAE		
Phaethornis eurynome	Rabo-branco-de-garganta-rajada	Scale-throated Hermit
Stephanoxis lalandi	Beija-flor-de-topete	Plovercrest

(continuação)

Taxa	Nome popular	Nome em Inglês
Heliomaster longirostris	Bico-reto-cinzento	Long-billed Starthroat
GALBULIDAE		
Jacamaralcyon tridactyla	Cuitelão	Three-toed Jacamar
BUCCONIDAE		
Malacoptila striata	Barbudo-rajado	Crescent-chested Puffbird
Nonnula rubecula	Macuru	Rusty-breasted Nunlet
RAMPHASTIDAE		
Pteroglossus aracari	Araçari-de-bico-branco	Black-necked Aracari
PICIDAE		
Veniliornis spilogaster	Picapauzinho-verde-carijó	White-spotted Woodpecker
Piculus aurulentus	Pica-pau-dourado	White-browed Woodpecker
Dryocopus galeatus	Pica-pau-de-cara-canela	Helmeted Woodpecker
THAMNOPHILIDAE		
Mackenziaena severa	Borralhara	Tufted Antshrike
Thamnophilus pelzelni	Choca-do-planalto	Planalto Slaty-Antshrike
Dysithamnus stictothorax	Choquinha-de-peito-pintado	Spot-breasted Antvireo
Herpsilochmus pileatus	Corozinho-de-boné	Bahia Antwren
FORMICARIIDAE		
Chamaeza campanisona	Tovaca-campainha	Short-tailed Antthrush

Apêndice B

(continuação)

Taxa	Nome popular	Nome em Inglês
SCLERURIDAE		
Sclerurus scansor	Vira-folha	Rufous-breasted Leaftosser
DENDROCOLAPTIDAE		
Xiphorhynchus fuscus	Arapaçu-rajado	Lesser Woodcreeper
Lepidocolaptes squamatus	Arapaçu-escamado	Scaled Woodcreeper
FURNARIIDAE		
Synallaxis cinerascens	Pi-puí	Gray-bellied Spinetail
Synallaxis spixi	João-teneném	Spix's Spinetail
Cranioleuca obsoleta	Arredio-oliváceo	Olive Spinetail
Syndactyla dimidiata	Limpa-folha-do-brejo	Russet-mantled Foliage-gleaner
Philydor atricapillus	Limpa-folha-coroado	Black-capped Foliage-gleaner
Xenops minutus	Bico-virado-miúdo	Plain Xenops
Xenops rutilans	Bico-virado-carijó	Streaked Xenops
TYRANNIDAE		
Corythopis delalandi	Estalador	Southern Antpipit
Hemitriccus diops	Olho-falso	Drab-breasted Pygmy-Tyrant
Hemitriccus orbitatus	Tiririzinho-do-mato	Eye-ringed Tody-Tyrant
Hemitriccus nidipendulus	Tachuri-campainha	Hangnest Tody-Tyrant
Poecilotriccus plumbeiceps	Tororó	Ochre-faced Tody-Flycatcher
Phyllomyias burmeisteri	Piolhinho-chiador	Rough-legged Tyrannulet

Aves da planície alagável do alto rio Paraná

(continuação)

Taxa	Nome popular	Nome em Inglês
Phyllomyias fasciatus	Piolhinho	Planalto Tyrannulet
Myiopagis gaimardii	Maria-pechim	Forest Elaenia
Elaenia obscura	Tucão	Highland Elaenia
Serpophaga nigricans	João-pobre	Sooty Tyrannulet
Phaeomyias murina	Bagageiro	Mouse-colored Tyrannulet
Pseudocolopteryx dinelliana	Tricolino-pardo	Dinelli's Doradito
Phylloscartes eximius	Barbudinho;	Southern Bristle-Tyrant
Phylloscartes ventralis	Borboletinha-do-mato	Mottle-cheeked Tyrannulet
Knipolegus nigerrimus	Maria-preta-de-garganta-vermelha	Velvety Black-Tyrant
Hymenops perspicillatus	Viuvinha-de-óculos	Spectacled Tyrant
Xolmis dominicanus	Noivinha-de-rabo-preto	Black-and-white Monjita
Alectrurus tricolor	Galito	Cock-tailed Tyrant
OXYRUNCIDAE		
Oxyruncus cristatus	Araponga-do-horto	Sharpbill
COTINGIDAE		
Carpornis cucullata	Corocochó	Hooded Berryeater
Pyroderus scutatus	Pavó	Red-ruffed Fruitcrow
PIPRIDAE		
Piprites chloris	Papinho-amarelo	Wing-barred Piprites
Ilicura militaris	Tangarazinho	Pin-tailed Manakin

Apêndice B

(continuação)

Taxa	Nome popular	Nome em Inglês
Antilophia galeata	Soldadinho	Helmeted Manakin
TITYRIDAE		
Schiffornis virescens	Flautim	Greenish Schiffornis
Pachyramphus viridis	Caneleiro-verde	Green-backed Becard
VIREONIDAE		
Hylophilus poicilotis	Verdinho-coroado	Rufous-crowned Greenlet
CORVIDAE		
Cyanocorax cyanomelas	Gralha-do-pantanal	Purplish Jay
HIRUNDINIDAE		
Progne subis	Andorinha-azul	Purple Martin
Atticora melanoleuca	Andorinha-de-coleira	Black-collared Swallow
Neochelidon tibialis	Calcinha-branca	White-thighed Swallow
Riparia riparia	Andorinha-do-barranco	Bank Swallow
Petrochelidon pyrrhonota	Andorinha-de-dorso-acanelado	Cliff Swallow
TURDIDAE		
Turdus albicollis	Sabiá-coleira	White-necked Robin
MIMIDAE		
Mimus triurus	Calhandra-de-três-rabos	White-banded Mockingbird

(continuação)

Taxa	Nome popular	Nome em Inglês
MOTACILLIDAE		
Anthus hellmayri	Caminheiro-de-barriga-acanelada	Hellmayr's Pipit
COEREBIDAE		
Coereba flaveola	Cambacica	Bananaquit
THRAUPIDAE		
Schistochlamys melanopis	Sanhaçu-de-coleira	Black-faced Tanager
Orthogonys chloricterus	Catirumbava	Olive-green Tanager
Pyrrhocoma ruficeps	Cabecinha-castanha	Chestnut-headed Tanager
Trichothraupis melanops	Tiê-de-topete	Black-goggled Tanager
Habia rubica	Tiê-do-mato-grosso	Red-crowned Ant-Tanager
Pipraeidea melanonota	Saíra-viúva	Fawn-breasted Tanager
Tangara seledon	Saíra-sete-cores	Green-headed Tanager
Dacnis nigripes	Saí-de-pernas-pretas	Black-legged Dacnis
EMBERIZIDAE		
Donacospiza albifrons	Tico-tico-do-banhado	Long-tailed Reed-Finch
Emberizoides ypiranganus	Canário-do-brejo	Lesser Grass-Finch
Sporophila minuta	Caboclinho-lindo	Ruddy-breasted Seedeater
Sporophila hypoxantha	Caboclinho-de-barriga-vermelha	Tawny-bellied Seedeater
Sporophila cinnamomea	Caboclinho-de-chapéu-cinzento	Chestnut Seedeater
Sporophila melanogaster	Caboclinho-de-barriga-preta	Black-bellied Seedeater

Apêndice B

(conclusão)

Taxa	Nome popular	Nome em Inglês
Amaurospiza moesta	Negrinho-do-mato	Blackish-blue Seedeater
CARDINALIDAE		
Cyanoloxia glaucocaerulea	Azulinho	Glaucous-blue Grosbeak
PARULIDAE		
Basileuterus leucoblepharus	Pula-pula-assobiador	White-browed Warbler
Phaeothlypis rivularis	Pula-pula-ribeirinho	Riverbank Warbler
ICTERIDAE		
Psarocolius decumanus	Japu	Crested Oropendola
Agelasticus thilius	Sargento	Yellow-winged Blackbird
Agelaioides badius	Asa-de-telha	Bay-winged Cowbird
Dolichonyx oryzivorus	Triste-pia	Bobolink
FRINGILLIDAE		
Euphonia pectoralis	Ferro-velho	Chestnut-bellied Euphonia
Chlorophonia cyanea	Bandeirinha	Blue-naped Chlorophonia

ÍNDICE REMISSIVO DE ESPÉCIES E FAMÍLIAS

A
Aburria jacutinga, 251
Acauã, 26, 88
Accipiter striatus, 26, 82
Accipitridae, 24, 79-86, 252, 257
Agelaioides badius, 265
Agelasticus cyanopus, 50, 237
Agelasticus thilius, 265
Águia-cinzenta, 13, 25, 84
Águia-pescadora, 24, 25, 78
Alcedinidae, 35, 144-145, 253
Alectrurus tricolor, 262
Alegrinho, 180
Alma-de-gato, 121
Alopochelidon fucata, 255
Amanhã-eu-vou, 132
Amaurospiza moesta, 265
Amazilia versicolor, 253
Amazon Kingfisher, 145
Amazona aestiva, 32, 119
Amazona amazonica, 258
Amazona vinacea, 258
Amazonetta brasiliensis, 16, 59
Amblyramphus holosericeus, 50, 237
American Kestrel, 89
Amethyst Woodstar, 253
Ammodramus humeralis, 224
Anambé-branco-de-bochecha-parda, 199
Anambé-branco-de-rabo-preto, 200
Anatidae, 15, 28, 58-60, 251, 257
Andarilho, 254
Andean Condor, 257
Andorinha-azul, 263
Andorinha-de-bando, 44, 208
Andorinha-de-coleira, 263
Andorinha-de-dorso-acanelado, 263
Andorinha-de-sobre-branco, 44, 206
Andorinha-do-barranco, 263
Andorinha-do-campo, 44, 206
Andorinha-doméstica-grande, 44, 207
Andorinha-do-rio, 43, 44, 205
Andorinha-morena, 255
Andorinhão-de-sobre-cinzento, 259
Andorinhão-do-buriti, 13, 136
Andorinhão-do-temporal, 259
Andorinha-pequena-de-casa, 44, 207
Andorinha-serradora, 44, 208
Anhima cornuta, 57
Anhimidae, 57, 251
Anhinga, 64
Anhinga anhinga, 16, 64
Anhingidae, 16, 64
Anhuma, 57
Anthracothorax nigricollis, 35, 139
Anthus hellmayri, 264
Anthus lutescens, 216
Antilophia galeata, 263
Anu-branco, 123
Anu-coroca, 122
Anu-preto, 122
Aplomado Falcon, 90
Apodidae, 43, 135-136, 259
Ara ararauna, 32, 114
Ara chloropterus, 32, 115
Araçari-banana, 254
Araçari-castanho, 38, 152
Araçari-de-bico-branco, 260
Araçari-poca, 254
Aramidae, 91
Aramides cajanea, 92
Aramides saracura, 93
Aramus guarauna, 91
Arapaçu-beija-flor, 168
Arapaçu-de-cerrado, 168
Arapaçu-de-garganta-branca, 167
Arapaçu-escamado, 261
Arapaçu-grande, 167
Arapaçu-rajado, 261
Arapaçu-verde, 166
Arapapá, 252
Araponga, 197
Araponga-do-horto, 262
Arara-canindé, 32, 114
Arara-vermelha-grande, 32, 115
Aratinga aurea, 33, 117
Aratinga leucophthalma, 33, 116
Ardea alba, 19, 68
Ardea cocoi, 18, 67
Ardeidae, 18, 65-69, 252, 257
Ariramba-de-cauda-ruiva, 148
Arredio-do-rio, 171
Arredio-oliváceo, 261
Arremon flavirostris, 229
Arremon taciturnus, 256
Arundinicola leucocephala, 188
Asa-branca, 15, 16, 30, 59, 111
Asa-de-telha, 265
Ash-colored Cuckoo, 253
Ash-throated Crake, 93
Asio flammeus, 259
Asio stygius, 253
Athene cunicularia, 27, 128

Atticora melanoleuca, 263
Automolus leucophthalmus, 172
Avoante, 112
Azulão, 256
Azulinho, 265
Azure Gallinule, 95

B
Bacurau, 132
Bacurau-chintã, 133
Bacurau-ocelado, 259
Bacurau-tesoura, 134
Bacurau-tesoura-gigante, 259
Bacurauzinho, 253
Bagageiro, 262
Bahia Antwren, 260
Balança-rabo-de-máscara, 255
Bananaquit, 264
Bandeirinha, 265
Bandoleta, 256
Band-tailed Manakin, 198
Bank Swallow, 263
Barbudinho, 262
Barbudo-rajado, 260
Bare-faced Curassow, 62
Bare-faced Ibis, 71
Bare-throated Bellbird, 197
Barn Owl, 125
Barn Swallow, 208
Barranqueiro-de-olho-branco, 172
Barred Antshrike, 160
Barred Forest-Falcon, 258
Barulhento, 182
Baryphthengus ruficapillus, 146
Basileuterus culicivorus, 233
Basileuterus leucoblepharus, 265
Bat Falcon, 90
Batuíra-de-bando, 252
Batuíra-de-coleira, 99
Batuíra-de-esporão, 252
Batuíra-de-peito-tijolo, 258
Bay-winged Cowbird, 265
Beija-flor-de-banda-branca, 253
Beija-flor-de-bico-curvo, 35, 141
Beija-flor-de-fronte-violeta, 34, 140
Beija-flor-de-topete, 259
Beija-flor-de-veste-preta, 35, 139
Beija-flor-dourado, 35, 140
Beija-flor-preto, 35, 138
Beija-flor-tesoura, 34, 138
Beija-flor-vermelho, 253
Bem-te-vi, 41, 42, 190
Bem-te-vi-de-bico-chato, 42, 192
Bem-te-vi-pequeno, 42, 191
Bem-te-vi-pirata, 41, 189
Bem-te-vi-rajado, 41, 191

Benedito-de-testa-amarela, 40, 155
Bentevizinho-de-penacho-vermelho, 42, 190
Bentevizinho-do-brejo, 255
Besourinho-de-bico-vermelho, 35, 139
Bico-chato-de-orelha-preta, 183
Bico-de-agulha, 148
Bico-de-louça, 219
Bico-de-pimenta, 256
Bico-reto-cinzento, 260
Bico-virado-carijó, 261
Bico-virado-miúdo, 261
Bicudo, 256
Bigodinho, 48, 226
Biguá, 16, 17, 63
Biguatinga, 16, 17, 18, 64
Birro, 39, 154
Black Hawk-Eagle, 252
Black Jacobin, 138
Black Skimmer, 107
Black Vulture, 76
Black-and-white Hawk-Eagle, 258
Black-and-white Monjita, 262
Black-backed Water-Tyrant, 187
Black-bellied Seedeater, 264
Black-bellied Whistling-Duck, 59
Black-capped Antwren, 254
Black-capped Donacobius, 211
Black-capped Foliage-gleaner, 261
Black-capped Screech-Owl, 259
Black-collared Hawk, 85
Black-collared Swallow, 263
Black-crowned Night-Heron, 66
Black-crowned Tityra, 199
Black-faced Tanager, 264
Black-fronted Piping-Guan, 251
Black-goggled Tanager, 264
Blackish Rail, 94
Blackish-blue Seedeater, 265
Black-legged Dacnis, 264
Black-necked Aracari, 260
Black-tailed Tityra, 200
Black-throated Mango, 139
Black-throated Saltator, 256
Black-throated Trogon, 143
Blond-crested Woodpecker, 157
Blue Dacnis, 221
Blue Ground-Dove, 110
Blue-and-white Swallow, 207
Blue-and-yellow Macaw, 114
Blue-black Grassquit, 225
Blue-crowned Motmot, 147
Blue-fronted Parrot, 119
Blue-naped Chlorophonia, 265
Blue-winged Macaw, 116
Blue-winged Parrotlet, 118
Boat-billed Flycatcher, 192

Índice remissivo de espécies e famílias

Boat-billed Heron, 252
Bobolink, 265
Borboletinha-do-mato, 262
Borralhara, 260
Botaurus pinnatus, 257
Bran-colored Flycatcher, 183
Brazilian Teal, 59
Brotogeris chiriri, 33, 118
Brown Tinamou, 251
Brown-chested Martin, 206
Brown-crested Flycatcher, 196
Bubulcus ibis, 20, 67
Bucconidae, 149-150, 253, 260
Buff-breasted Wren, 210
Buff-fronted Foliage-gleaner, 254
Buff-necked Ibis, 71
Burnished-buff Tanager, 220
Burrowing Owl, 128
Busarellus nigricollis, 25, 85
Buteo albicaudatus, 257
Buteo albonotatus, 258
Buteo brachyurus, 26, 86
Buteo swainsoni, 252
Buteogallus urubitinga, 25, 83
Butorides striata, 18, 66

C

Cabeça-seca, 21, 22, 74
Cabecinha-castanha, 264
Cabeçudo, 174
Caboclinho, 49, 228
Caboclinho-de-barriga-preta, 264
Caboclinho-de-barriga-vermelha, 264
Caboclinho-de-chapéu-cinzento, 264
Caboclinho-lindo, 264
Caburé, 27, 128
Caburé-miudinho, 28, 127
Cacicus cela, 256
Cacicus chrysopterus, 52, 234
Cacicus haemorrhous, 51, 235
Cafezinho, 104
Cairina moschata, 15, 60
Calcinha-branca, 263
Calhandra-de-três-rabos, 263
Calidris fuscicollis, 103
Calidris melanotos, 253
Calidris minutilla, 258
Calliphlox amethystina, 253
Callonetta leucophrys, 251
Cambacica, 264
Caminheiro-de-barriga-acanelada, 264
Caminheiro-zumbidor, 216
Campephilus robustus, 40, 158
Campo Flicker, 156
Campo Miner, 254
Camptostoma obsoletum, 180

Campylorhamphus trochilirostris, 168
Campylorhynchus turdinus, 210
Canário-da-terra-verdadeiro, 224
Canário-do-brejo, 264
Canário-do-campo, 225
Caneleiro, 195, 255
Caneleiro-de-chapéu-preto, 201
Caneleiro-preto, 200
Caneleiro-verde, 263
Capped Heron, 69
Capped Seedeater, 228
Caprimulgidae, 131-134, 253, 259
Caprimulgus parvulus, 133
Caprimulgus rufus, 133
Capsiempis flaveola, 181
Caracará, 26, 87
Caracara plancus, 26, 87
Carão, 91
Caraúna-de-cara-branca, 252
Cardeal-do-banhado, 50, 51, 237
Cardinalidae, 231, 256, 265
Carduelis magellanica, 241
Cariama cristata, 97
Cariamidae, 97
Carpornis cucullata, 262
Carrapateiro, 26, 27, 88
Carretão, 51, 52, 237
Casiornis rufus, 195
Catatau, 210
Cathartes aura, 23, 75
Cathartes burrovianus, 23, 76
Cathartidae, 22, 75-77, 257
Catirumbava, 264
Cattle Egret, 67
Cattle Tyrant, 189
Cauré, 26, 90
Cavalaria, 230
Celeus flavescens, 40, 157
Certhiaxis cinnamomeus, 171
Ceryle torquatus, 36, 144
Chaetura cinereiventris, 259
Chaetura meridionalis, 259
Chalk-browed Mockingbird, 215
Chamaeza campanisona, 260
Chan-chan, 156
Charadriidae, 98-99, 252, 258
Charadrius collaris, 99
Charadrius modestus, 258
Charadrius semipalmatus, 252
Charitospiza eucosma, 256
Chauna torquata, 251
Checkered Woodpecker, 254
Chestnut Seedeater, 264
Chestnut-bellied Euphonia, 265
Chestnut-bellied Seed-Finch, 228
Chestnut-capped Blackbird, 238

269

Chestnut-capped Foliage-gleaner, 173
Chestnut-crowned Becard, 255
Chestnut-eared Aracari, 152
Chestnut-headed Tanager, 264
Chestnut-vented Conebill, 222
Chibum, 179
Chiroxiphia caudata, 255
Chloroceryle aenea, 253
Chloroceryle amazona, 36, 145
Chloroceryle americana, 36, 145
Chloroceryle inda, 253
Chlorophonia cyanea, 265
Chlorostilbon lucidus, 35, 139
Choca-barrada, 160
Choca-bate-cabo, 254
Choca-da-mata, 161
Choca-de-asa-vermelha, 254
Choca-de-chapéu-vermelho, 161
Choca-do-planalto, 260
Chocão-carijó, 159
Chopi Blackbird, 236
Chopim, 51, 240
Chopim-de-axila-vermelha, 51, 239
Chopim-do-brejo, 51, 238
Choquinha-de-peito-pintado, 260
Choquinha-lisa, 162
Chorão, 49, 227
Chordeiles pusillus, 253
Choró-boi, 159
Chorozinho-de-asa-vermelha, 163
Chorozinho-de-bico-comprido, 162
Chorozinho-de-chapéu-preto, 254
Chrysolampis mosquitus, 253
Chrysomus ruficapillus, 51, 238
Chupa-dente, 165
Ciconia maguari, 21, 73
Ciconiidae, 20, 73-74
Cigarra-do-campo, 256
Cinereous-breasted Spinetail, 254
Circus buffoni, 26, 82
Cissopis leverianus, 47, 217
Claravis pretiosa, 31, 110
Cliff Flycatcher, 184
Cliff Swallow, 263
Cnemotriccus fuscatus, 185
Coal-crested Finch, 256
Coccyzus americanus, 120
Coccyzus cinereus, 253
Coccyzus euleri, 259
Coccyzus melacoryphus, 121
Cochlearius cochlearius, 252
Cock-tailed Tyrant, 262
Cocoi Heron, 67
Codorna-amarela, 56
Coereba flaveola, 264
Coerebidae, 264

Colaptes campestris, 39, 156
Colaptes melanochloros, 40, 156
Coleirinho, 49, 227
Coleiro-do-brejo, 49, 226
Colhereiro, 20, 21, 22, 72
Collared Crescent-chest, 254
Collared Forest-Falcon, 89
Collared Plover, 99
Colonia colonus, 188
Columbidae, 30, 108-113, 258
Columbina minuta, 30, 108
Columbina picui, 31, 110
Columbina squammata, 31, 109
Columbina talpacoti, 31, 109
Comb Duck, 251
Common Moorhen, 94
Common Potoo, 130
Common Tody-Flycatcher, 176
Condor, 257
Conirostrum speciosum, 47, 222
Conopias trivirgatus, 43, 191
Conopophaga lineata, 165
Conopophagidae, 165
Contopus cinereus, 255
Coragyps atratus, 22, 76
Corocochó, 262
Coró-coró, 70
Corozinho-de-boné, 260
Corruíra, 209
Corucão, 132
Coruja-buraqueira, 27, 128
Coruja-da-igreja, 24, 28, 125
Coruja-listrada, 259
Coruja-orelhuda, 28, 129
Corujinha-do-mato, 27, 126
Corujinha-orelhuda, 253
Corujinha-sapo, 259
Corvidae, 204, 263
Coryphospingus cucullatus, 229
Corythopis delalandi, 261
Cotingidae, 197, 262
Cracidae, 61-62, 251, 257
Crane Hawk, 83
Cranioleuca obsoleta, 261
Cranioleuca vulpina, 171
Crax fasciolata, 62
Creamy-bellied Thrush, 214
Crescent-chested Puffbird, 260
Crested Becard, 201
Crested Doradito, 181
Crested Oropendola, 265
Crotophaga ani, 122
Crotophaga major, 122
Crowned Eagle, 84
Crowned Slaty Flycatcher, 193
Crypturellus obsoletus, 251

Índice remissivo de espécies e famílias

Crypturellus parvirostris, 55
Crypturellus tataupa, 55
Crypturellus undulatus, 54
Cuculidae, 120-124, 253, 259
Cuitelão, 260
Cuiú-cuiú, 258
Curiango, 132
Curica, 259
Curicaca, 71
Curió, 49, 228
Curutié, 171
Cyanocompsa brissonii, 256
Cyanocorax chrysops, 204
Cyanocorax cyanomelas, 263
Cyanoloxia glaucocaerulea, 265
Cyclarhis gujanensis, 202
Cypseloides fumigatus, 259
Cypseloides senex, 259
Cypsnagra hirundinacea, 256

D
Dacnis cayana, 47, 221
Dacnis nigripes, 264
Dark-billed Cuckoo, 121
Dendrocolaptes platyrostris, 167
Dendrocolaptidae, 166-168, 261
Dendrocygna autumnalis, 15, 59
Dendrocygna bicolor, 257
Dendrocygna viduata, 15, 58
Dinelli's Doradito, 262
Dolichonyx oryzivorus, 265
Donacobiidae, 211
Donacobius atricapilla, 211
Donacospiza albifrons, 264
Double-collared Seedeater, 227
Drab-breasted Pygmy-Tyrant, 261
Dromococcyx pavoninus, 124
Dryocopus galeatus, 260
Dryocopus lineatus, 40, 157
Dusky-legged Guan, 257
Dysithamnus mentalis, 162
Dysithamnus stictothorax, 260

E
Eared Dove, 112
Eared Pygmy-Tyrant, 182
Egretta thula, 18, 69
Elaenia chiriquensis, 179
Elaenia cristata, 255
Elaenia flavogaster, 177
Elaenia mesoleuca, 179
Elaenia obscura, 262
Elaenia parvirostris, 178
Elaenia spectabilis, 178
Elanoides forficatus, 26, 79
Elanus leucurus, 27, 80

Ema, 53
Emberizidae, 47, 223-230, 256, 264
Emberizoides herbicola, 225
Emberizoides ypiranganus, 264
Embernagra platensis, 256
Empidonomus varius, 41, 192
Encontro, 50, 51, 235
Enferrujado, 184
Epaulet Oriole, 235
Estalador, 261
Estrelinha-ametista, 253
Euler's Flycatcher, 184
Eupetomena macroura, 35, 138
Euphonia chlorotica, 242
Euphonia pectoralis, 265
Euphonia violácea, 242
Euscarthmus meloryphos, 182
Eye-ringed Tody-Tyrant, 261

F
Falcão-caburé, 258
Falcão-de-coleira, 27, 90
Falcão-morcegueiro, 26, 90
Falcão-peregrino, 252
Falcão-relógio, 26, 89
Falco femoralis, 27, 90
Falco peregrinus, 252
Falco rufigularis, 26, 90
Falco sparverius, 27, 89
Falconidae, 24, 87-90, 252, 258
Fasciated Tiger-Heron, 252
Fawn-breasted Tanager, 264
Ferreirinho-de-cara-parda, 175
Ferreirinho-relógio, 176
Ferro-velho, 265
Ferruginous Pygmy-Owl, 128
Figuinha-de-rabo-castanho, 47, 222
Filipe, 183
Fim-fim, 242
Flautim, 263
Florisuga fusca, 35, 138
Fluvicola albiventer, 187
Fogo-apagou, 31, 109
Forest Elaenia, 262
Fork-tailed Flycatcher, 194
Fork-tailed Palm-Swift, 136
Formicariidae, 261
Formicivora rufa, 163
Forpus xanthopterygius, 32, 118
Frango-d'água-azul, 95
Frango-d'água-carijó, 258
Frango-d'água-comum, 94
Frango-d'água-pequeno, 95
Freirinha, 188
Fringillidae, 241-242, 265
Fruxu-do-cerradão, 255

Fulvous Whistling-Duck, 257
Fura-barreira, 173
Furnariidae, 169-173, 254, 261
Furnarius rufus, 169
Fuscous Flycatcher, 185

G

Galbula ruficauda, 148
Galbulidae, 148, 260
Galito, 262
Gallinago paraguaiae, 101
Gallinago undulata, 252
Gallinula chloropus, 94
Gallinula melanops, 258
Galo-da-campina, 230
Gampsonyx swainsonii, 27, 80
Garça-branca-grande, 19, 20, 68
Garça-branca-pequena, 18, 19, 20, 69
Garça-moura, 18, 19, 20, 67
Garça-real, 19, 20, 69
Garça-vaqueira, 20, 67
Garibaldi, 50, 51, 238
Garrinchão, 172
Garrinchão-de-barriga-vermelha, 210
Gaturamo-verdadeiro, 242
Gavião-belo, 25, 85
Gavião-bombachinha, 257
Gavião-caboclo, 27, 84
Gavião-caramujeiro, 26, 28, 81
Gavião-carijó, 26, 85
Gavião-de-cabeça-cinza, 257
Gavião-de-cauda-curta, 26, 86
Gavião-de-penacho, 258
Gavião-de-rabo-barrado, 258
Gavião-de-rabo-branco, 257
Gavião-do-banhado, 26, 82
Gavião-miúdo, 26, 82
Gavião-papa-gafanhoto, 252
Gavião-pato, 258
Gavião-pega-macaco, 252
Gavião-peneira, 27, 80
Gavião-pernilongo, 26, 83
Gavião-pombo-grande, 257
Gavião-preto, 25, 83
Gavião-tesoura, 26, 79
Gaviãozinho, 27, 80
Geositta poecioloptera, 254
Geothlypis aequinoctialis, 233
Geotrygon Montana, 31, 113
Geotrygon violácea, 258
Geranospiza caerulescens, 26, 83
Giant Cowbird, 239
Giant Snipe, 252
Gibão-de-couro, 184
Gilded Hummingbird, 140

Glaucidium brasilianum, 27, 128
Glaucidium minutissimum, 28, 127
Glaucous-blue Grosbeak, 265
Glittering-bellied Emerald, 139
Gnorimopsar chopi, 50, 236
Golden-crowned Warbler, 233
Golden-winged Cacique, 234
Gralha-do-pantanal, 263
Gralhão, 252
Gralha-picaça, 204
Grassland Sparrow, 224
Graúna, 50, 52, 236
Graveteiro, 172
Gray Elaenia, 176
Gray Monjita, 255
Gray-bellied Spinetail, 261
Gray-breasted Martin, 207
Gray-fronted Dove, 113
Gray-headed Kite, 257
Gray-necked Wood-Rail, 92
Gray-rumped Swift, 259
Great Antshrike, 160
Great Black Hawk, 83
Great Dusky Swift, 259
Great Egret, 68
Great Grebe, 257
Great Kiskadee, 190
Great Pampa-Finch, 256
Great-billed Seed-Finch, 256
Greater Ani, 122
Greater Rhea, 53
Greater Thornbird, 172
Greater Yellowlegs, 253
Green Ibis, 70
Green Kingfisher, 145
Green-and-rufous Kingfisher, 253
Green-backed Becard, 263
Green-barred Woodpecker, 156
Green-headed Tanager, 264
Greenish Elaenia, 177
Greenish Schiffornis, 263
Green-winged Saltator, 231
Griseotyrannus aurantioatrocristatus, 193
Gritador, 194
Guaracava-cinzenta, 176
Guaracava-de-barriga-amarela, 177
Guaracava-de-bico-curto, 178
Guaracava-de-crista-alaranjada, 177
Guaracava-de-topete-uniforme, 255
Guaracava-grande, 178
Guaracava-modesta, 255
Guaracavuçu, 185
Guaxe, 51, 235
Gubernetes yetapa, 187
Guianan Puffbird, 149

Índice remissivo de espécies e famílias

Guira Cuckoo, 123
Guira guira, 123
Guira Tanager, 222

H
Habia rubica, 264
Hangnest Tody-Tyrant, 261
Harpagus diodon, 257
Harpyhaliaetus coronatus, 13, 25, 84
Heliomaster longirostris, 260
Heliornis fulica, 96
Heliornithidae, 96
Hellmayr's Pipit, 264
Helmeted Manakin, 263
Helmeted Woodpecker, 260
Hemithraupis guira, 46, 222
Hemitriccus diops, 261
Hemitriccus margaritaceiventer, 175
Hemitriccus nidipendulus, 261
Hemitriccus orbitatus, 261
Herpetotheres cachinnans, 26, 88
Herpsilochmus atricapillus, 254
Herpsilochmus longirostris, 162
Herpsilochmus pileatus, 260
Herpsilochmus rufimarginatus, 163
Heterospizias meridionalis, 27, 84
Highland Elaenia, 262
Himantopus melanurus, 100
Hirundinea ferruginea, 184
Hirundinidae, 43, 205-208, 255, 263
Hirundo rustica, 44, 208
Hooded Berryeater, 262
Hooded Siskin, 241
Hooded Tanager, 218
Horned Screamer, 57
House Sparrow, 243
Hydropsalis torquata, 134
Hylocharis chrysura, 35, 140
Hylocryptus rectirostris, 173
Hylophilus poicilotis, 263
Hymenops perspicillatus, 262
Hypoedaleus guttatus, 159

I
Ibycter americanus, 252
Icteridae, 50, 234-240, 256, 265
Icterus cayanensis, 50, 235
Icterus croconotus, 13, 50, 236
Ictinia plumbea, 26, 81
Ilicura militaris, 262
Inhambu-chintã, 55
Inhambu-chororó, 55
Inhambuguaçu, 251
Iraúna-de-bico-branco, 256
Iraúna-grande, 51, 239
Irerê, 15, 16, 58

Irré, 195
Ixobrychus sp, 252

J
Jabiru, 74
Jabiru mycteria, 21, 74
Jaburu, 21, 74
Jacamaralcyon tridactyla, 260
Jaçanã, 104
Jacana jacana, 104
Jacanidae, 104
Jacuaçu, 257
Jacupemba, 61
Jacutinga, 251
Jaó, 54
Japacanim, 211
Japu, 265
João-bobo, 150
João-corta-pau, 133
João-de-barro, 169
João-de-pau, 254
João-grilo, 254
João-pinto, 13, 49, 51, 236
João-pobre, 262
João-teneném, 261
Juriti-gemedeira, 30, 31, 113
Juriti-pupu, 30, 31, 112
Juriti-vermelha, 258
Juruva-verde, 146
Juruviara, 203

K
King Vulture, 77
Knipolegus nigerrimus, 262

L
Large Elaenia, 178
Large-billed Antwren, 162
Large-billed Tern, 106
Lathrotriccus euleri, 184
Laughing Falcon, 88
Lavadeira-de-cara-branca, 187
Least Grebe, 251
Least Nighthawk, 253
Least Pygmy-Owl, 127
Least Sandpiper, 258
Legatus leucophaius, 41, 189
Lepidocolaptes angustirostris, 168
Lepidocolaptes squamatus, 261
Leptodon cayanensis, 257
Leptopogon amaurocephalus, 172
Leptotila rufaxilla, 30, 113
Leptotila verreauxi, 30, 112
Lesser Elaenia, 179
Lesser Grass-Finch, 264
Lesser Kiskadee, 255

Lesser Woodcreeper, 261
Lesser Yellow-headed Vulture, 76
Lesser Yellowlegs, 102
Leucopternis polionotus, 257
Limpa-folha-coroado, 261
Limpa-folha-de-testa-baia, 254
Limpa-folha-do-brejo, 261
Limpa-folha-ocráceo, 254
Limpkin, 91
Lineated Woodpecker, 157
Lined Seedeater, 226
Little Nightjar, 133
Little Woodpecker, 155
Long-billed Starthroat, 260
Long-tailed Potoo, 259
Long-tailed Reed-Finch, 264
Long-tailed Tyrant, 188
Long-trained Nightjar, 259
Long-winged Harrier, 82
Lurocalis semitorquatus, 131

M

Maçarico-de-colete, 253
Maçarico-de-perna-amarela, 102
Maçarico-de-sobre-branco, 103
Maçarico-grande-de-perna-amarela, 253
Maçarico-solitário, 102
Maçariquinho, 258
Machetornis rixosa, 189
Mackenziaena severa, 260
Macropsalis forcipata, 259
Macuco, 251
Macuru, 260
Macuru-de-testa-branca, 149
Mãe-da-lua, 130
Mãe-da-lua-parda, 259
Magpie Tanager, 217
Maguari, 21, 22, 73
Maguari Stork, 73
Maitaca-verde, 33, 119
Malacoptila striata, 260
Manacus manacus, 255
Mantled, 257
Maracanã-do-buriti, 13, 32, 115
Maracanã-verdadeira, 32, 116
Maria-cavaleira, 196
Maria-cavaleira-de-rabo-enferrujado, 196
Maria-faceira, 19, 20, 68
Maria-leque, 255
Marianinha-amarela, 181
Maria-pechim, 262
Maria-preta-de-garganta-vermelha, 262
Mariquita, 232
Maroon-bellied Parakeet, 117
Marreca-cabocla, 15, 59
Marreca-caneleira, 257

Marreca-de-bico-roxo, 251
Marreca-de-coleira, 251
Martim-pescador-da-mata, 253
Martim-pescador-grande, 36, 144
Martim-pescador-pequeno, 36, 145
Martim-pescador-verde, 36, 145
Martinho, 253
Masked Duck, 251
Masked Gnatcatcher, 255
Masked Yellowthroat, 233
Megarynchus pitangua, 42, 192
Megascops atricapilla, 259
Megascops choliba, 27, 126
Megascops watsonii, 253
Melanerpes candidus, 39, 152
Melanerpes flavifrons, 40, 153
Melanopareia torquata, 254
Melanopareiidae, 253
Melro, 50, 235
Mergulhão-caçador, 251
Mergulhão-grande, 257
Mergulhão-pequeno, 251
Mesembrinibis cayennensis, 70
Micrastur ruficollis, 258
Micrastur semitorquatus, 26, 89
Milvago chimachima, 26, 88
Mimidae, 215, 263
Mimus saturninus, 215
Mimus triurus, 263
Mineirinho, 256
Miudinho, 182
Mocho-diabo, 253
Mocho-dos-banhados, 259
Molothrus bonariensis, 50, 240
Molothrus oryzivorus, 51, 239
Molothrus rufoaxillaris, 50, 239
Momotidae, 146-147
Momotus momota, 147
Motacillidae, 216, 264
Mottle-cheeked Tyrannulet, 262
Mouse-colored Tyrannulet, 262
Murucututu-de-barriga-amarela, 28, 127
Muscovy Duck, 60
Mutum-de-penacho, 62
Mycteria americana, 21, 74
Myiarchus ferox, 196
Myiarchus swainsoni, 195
Myiarchus tyrannulus, 196
Myiodynastes maculatus, 41, 191
Myiopagis caniceps, 176
Myiopagis gaimardii, 262
Myiopagis viridicata, 177
Myiophobus fasciatus, 183
Myiornis auricularis, 182
Myiozetetes similis, 42, 190

Índice remissivo de espécies e famílias

N
Nacunda Nighthawk, 132
Narceja, 101
Narcejão, 252
Narrow-billed Woodcreeper, 168
Negrinho-do-mato, 265
Neinei, 42, 192
Nemosia pileata, 46, 218
Neochelidon tibialis, 263
Neopelma pallescens, 255
Neothraupis fasciata, 256
Neotropic Cormorant, 63
Netta erythrophthalma, 251
Noivinha-branca, 186
Noivinha-de-rabo-preto, 262
Nomonyx dominica, 251
Nonnula rubecula, 260
Northern Slaty-Antshrike, 254
Notharchus macrorynchos, 149
Nothura maculosa, 56
Nyctibiidae, 130, 259
Nyctibius aethereus, 259
Nyctibius griseus, 130
Nycticorax nycticorax, 18, 19, 66
Nyctidromus albicollis, 132
Nyctiphrynus ocellatus, 259
Nystalus chacuru, 150
Nystalus maculatus, 253

O
Ocellated Poorwill, 259
Ochre-breasted Foliage-gleaner, 254
Ochre-faced Tody-Flycatcher, 261
Odontophoridae, 251
Odontophorus capueira, 251
Olho-falso, 261
Olivaceous Elaenia, 179
Olivaceous Woodcreeper, 166
Olive Spinetail, 261
Olive-green Tanager, 264
Onychorhynchus coronatus, 255
Orange-Backed Troupial, 236
Orange-headed Tanager, 218
Orange-winged Parrot, 258
Ornate Hawk-Eagle, 258
Orthogonys chloricterus, 264
Orthopsittaca manilata, 13, 32, 115
Osprey, 78
Oxyruncidae, 262
Oxyruncus cristatus, 262

P
Pachyramphus castaneus, 255
Pachyramphus polychopterus, 200
Pachyramphus validus, 201
Pachyramphus viridis, 263

Pale-bellied Tyrant-Manakin, 255
Pale-breasted Spinetail, 254
Pale-breasted Thrush, 213
Pale-vented Pigeon, 111
Palm Tanager, 220
Pandion haliaetus, 24, 78
Pandionidae, 24, 78
Papa-formiga-vermelho, 163
Papagaio-de-peito-roxo, 258
Papagaio-verdadeiro, 32, 33, 119
Papa-lagarta-acanelado, 121
Papa-lagarta-cinzento, 253
Papa-lagarta-de-asa-vermelha, 117
Papa-lagarta-de-euler, 259
Papa-moscas-cinzento, 255
Papa-taoca-do-sul, 164
Papinho-amarelo, 262
Pararu-azul, 31, 110
Pardal, 243
Pardirallus maculatus, 252
Pardirallus nigricans, 94
Pariri, 31, 113
Paroaria capitata, 230
Parula pitiayumi, 232
Parulidae, 232-233, 265
Pássaro-preto, 50, 236
Passer domesticus, 243
Passeridae, 243
Patagioenas cayennensis, 31, 111
Patagioenas picazuro, 30, 111
Patagioenas plúmbea, 258
Patativa, 256
Patinho, 255
Pato-de-crista, 251
Pato-do-mato, 15, 16, 60
Paturi-preta, 251
Pauraque, 132
Pavó, 262
Pavonine Cuckoo, 124
Peach-fronted Parakeet, 117
Pearl Kite, 80
Pearly-breasted Cuckoo, 259
Pearly-vented Tody-tyrant, 175
Pectoral Sandpiper, 253
Pectoral Sparrow, 256
Peitica, 41, 192
Peitica-de-chapéu-preto, 193
Peixe-frito, 123
Peixe-frito-pavonino, 124
Penelope obscura, 257
Penelope superciliaris, 61
Perdiz, 56
Peregrine Falcon, 252
Periquitão-maracanã, 33, 116
Periquito-de-encontro-amarelo, 33, 118
Periquito-rei, 33, 117

275

Pernilongo-de-costas-brancas, 100
Petrim, 170
Petrochelidon pyrrhonota, 263
Pé-vermelho, 16, 59
Phacellodomus ruber, 172
Phacellodomus rufifrons, 254
Phaeomyias murina, 262
Phaeothlypis rivularis, 265
Phaethornis eurynome, 259
Phaethornis pretrei, 34, 137
Phaetusa simplex, 29, 106
Phalacrocoracidae, 16, 163
Phalacrocorax brasilianus, 16, 163
Philohydor lictor, 255
Philydor atricapillus, 261
Philydor lichtensteini, 254
Philydor rufum, 254
Phimosus infuscatus, 71
Phyllomyias burmeisteri, 261
Phyllomyias fasciatus, 262
Phylloscartes eximius, 262
Phylloscartes ventralis, 262
Pia-cobra, 233
Piaya cayana, 121
Picaparra, 96
Pica-pau-anão-barrado, 39, 153
Pica-pau-anão-escamado, 39, 154
Pica-pau-branco, 39, 154
Pica-pau-chorão, 254
Pica-pau-de-banda-branca, 40, 157
Pica-pau-de-cabeça-amarela, 40, 157
Pica-pau-de-cara-canela, 260
Pica-pau-do-campo, 39, 40, 156
Pica-pau-dourado, 260
Pica-pau-rei, 40, 158
Pica-pau-verde-barrado, 40, 156
Picapauzinho-anão, 39, 40, 155
Picapauzinho-verde-carijó, 260
Picazuro Pigeon, 111
Pichororé, 170
Picidae, 38, 153-158, 254, 260
Picoides mixtus, 254
Picuí Ground-Dove, 110
Piculus aurulentus, 260
Picumnus albosquamatus, 39, 154
Picumnus cirratus, 39, 153
Pied Lapwing, 252
Pied-billed Grebe, 251
Pilherodius pileatus, 19, 69
Pinnated Bittern, 257
Pin-tailed Manakin, 262
Pintassilgo, 241
Piolhinho, 262
Piolhinho-chiador, 261
Pionopsitta pileata, 258
Pionus maximiliani, 33, 119

Pipira-preta, 256
Pipira-vermelha, 46, 219
Pipra fasciicauda, 198
Pipraeidea melanonota, 264
Pipridae, 198, 255, 262
Piprites chloris, 262
Pi-puí, 261
Piratic Flycatcher, 189
Pitangus sulphuratus, 41, 190
Pitiguari, 202
Plain Antvireo, 162
Plain Xenops, 261
Plain-breasted Ground-Dove, 108
Plain-crested Elaenia, 255
Planalto Hermit, 137
Planalto Slaty-Antshrike, 260
Planalto Tyrannulet, 262
Planalto Woodcreeper, 167
Platalea ajaja, 20, 72
Platyrinchus mystaceus, 255
Plegadis chihi, 252
Plovercrest, 259
Plumbeous Kite, 81
Plumbeous Pigeon, 258
Plumbeous Seedeater, 256
Plush-crested Jay, 204
Podager nacunda, 132
Podicephorus major, 257
Podicipedidae, 251, 257
Podilymbus podiceps, 251
Poecilotriccus latirostris, 175
Poecilotriccus plumbeiceps, 261
Polícia-inglesa-do-sul, 50, 52, 240
Polioptila dumicola, 255
Polioptilidae, 255
Polytmus guainumbi, 35, 140
Pomba-amargosa, 258
Pomba-amargosinha, 31, 112
Pomba-de-bando, 31, 112
Pomba-galega, 31, 111
Pombão, 30, 31, 111
Porphyrio flavirostris, 95
Porphyrio martinica, 95
Porzana albicollis, 93
Porzana flaviventer, 252
Primavera, 255
Primolius maracana, 32, 116
Príncipe, 185
Procacicus solitarius, 256
Procnias nudicollis, 197
Progne chalybea, 44, 207
Progne subis, 263
Progne tapera, 44, 206
Psarocolius decumanus, 265
Pseudocolopteryx dinelliana, 262
Pseudocolopteryx sclateri, 181

Índice remissivo de espécies e famílias

Pseudoleistes guirahuro, 50, 238
Psittacidae, 32, 114-119, 258
Pteroglossus aracari, 260
Pteroglossus bailloni, 254
Pteroglossus castanotis, 38, 152
Pula-pula, 233
Pula-pula-assobiador, 265
Pula-pula-ribeirinho, 265
Pulsatrix koeniswaldiana, 28, 127
Purple Gallinule, 95
Purple Martin, 263
Purple-throated Euphonia, 242
Purplish Jay, 263
Pygmy King, 253
Pygochelidon cyanoleuca, 44, 207
Pyriglena leucoptera, 164
Pyrocephalus rubinus, 185
Pyroderus scutatus, 262
Pyrrhocoma ruficeps, 264
Pyrrhura frontalis, 33, 117

Q
Quero-quero, 98
Quiriquiri, 27, 89

R
Rabo-branco-acanelado, 34, 137
Rabo-branco-de-garganta-rajada, 259
Rallidae, 92-95, 252, 258
Ramphastidae, 36, 151-152, 254, 260
Ramphastos dicolorus, 254
Ramphastos toco, 37, 151
Ramphocelus carbo, 46, 219
Rapazinho-dos-velhos, 253
Recurvirostridae, 100
Red-and-green Macaw, 115
Red-bellied Macaw, 115
Red-billed Scythebill, 168
Red-breasted Toucan, 254
Red-capped Parrot, 260
Red-crested Finch, 229
Red-crowned Ant-Tanager, 264
Red-eyed Vireo, 203
Red-legged Seriema, 97
Red-ruffed Fruitcrow, 262
Red-rumped Cacique, 235
Red-throated Caracara, 252
Red-winged Tinamou, 56
Rendeira, 255
Rhea americana, 53
Rheidae, 53
Rhinoptynx clamator, 28, 129
Rhynchotus rufescens, 56
Ringed Kingfisher, 144
Ringed Teal, 251
Riparia riparia, 263

Risadinha, 180
Riverbank Warbler, 265
Roadside Hawk, 85
Robust Woodpecker, 158
Rolinha-de-asa-canela, 30, 31, 108
Rolinha-picui, 31, 110
Rolinha-roxa, 31, 109
Roseate Spoonbill, 72
Rostrhamus sociabilis, 26, 81
Rough-legged Tyrannulet, 261
Royal Flycatcher, 255
Ruby-crowned Tanager, 256
Ruby-topaz Hummingbird, 253
Ruddy Ground-Dove, 109
Ruddy Quail-dove, 113
Ruddy-breasted Seedeater, 264
Rufescent Tiger-Heron, 65
Rufous Casiornis, 195
Rufous Gnateater, 165
Rufous Hornero, 169
Rufous Nightjar, 133
Rufous-bellied Thrush, 213
Rufous-breasted Leaftosser, 261
Rufous-browed Peppershrike, 202
Rufous-capped Antshrike, 161
Rufous-capped Motmot, 146
Rufous-capped Spinetail, 170
Rufous-chested Dotterel, 258
Rufous-collared Sparrow, 223
Rufous-crowned Greenlet, 263
Rufous-fronted Thornbird, 254
Rufous-tailed Jacamar, 148
Rufous-thighed Kite, 257
Rufous-winged Antshrike, 254
Rufous-winged Antwren, 163
Rupornis magnirostris, 26, 85
Russet-mantled Foliage-gleaner, 261
Rusty-backed Antwren, 163
Rusty-backed Spinetail, 171
Rusty-barred Owl, 259
Rusty-breasted Nunlet, 260
Rusty-collared Seedeater, 226
Rusty-fronted Tody-Flycatcher, 175
Rusty-margined Guan, 61
Rynchopidae, 28, 107
Rynchops niger, 28, 107

S
Sabiá-barranco, 213
Sabiá-coleira, 263
Sabiá-do-banhado, 256
Sabiá-do-campo, 215
Sabiá-ferreiro, 212
Sabiá-laranjeira, 213
Sabiá-poca, 214
Saci, 123

277

Aves da planície alagável do alto rio Paraná

Saffron Finch, 224
Saffron Toucanet, 254
Saffron-billed Sparrow, 229
Saí-andorinha, 46, 221
Saí-azul, 46, 221
Saí-canário, 46, 218
Saí-de-pernas-pretas, 264
Saíra-amarela, 46, 220
Saíra-de-chapéu-preto, 46, 218
Saíra-de-papo-preto, 46, 222
Saíra-sete-cores, 264
Saíra-viúva, 264
Saltator atricollis, 256
Saltator similis, 231
Sanã-amarela, 252
Sanã-carijó, 93
Sanhaçu-cinzento, 45, 219
Sanhaçu-de-coleira, 264
Sanhaçu-do-coqueiro, 45, 220
Saracura-carijó, 252
Saracura-do-mato, 93
Saracura-sanã, 94
Saracura-três-potes, 92
Sarcoramphus papa, 23, 77
Sargento, 265
Sarkidiornis sylvicola, 251
Satrapa icterophrys, 42, 186
Savacu, 19, 20, 66
Savanna Hawk, 84
Sayaca Tanager, 219
Scaled Dove, 109
Scaled Woodcreeper, 261
Scale-throated Hermit, 259
Scaly-headed Parrot, 119
Scarlet-headed Blackbird, 237
Schiffornis virescens, 263
Schistochlamys melanopis, 264
Scissor-tailed Nightjar, 134
Scleruridae, 254, 261
Sclerurus scansor, 261
Scolopacidae, 252, 258
Screaming Cowbird, 239
Sebinho-de-olho-de-ouro, 175
Selenidera maculirostris, 254
Semipalmated Plover, 252
Sepia-capped Flycatcher, 174
Seriema, 97
Serpophaga nigricans, 262
Serpophaga subcristata, 180
Sharpbill, 262
Sharp-shinned Hawk, 82
Shiny Cowbird, 240
Short-crested Flycatcher, 196
Short-eared Owl, 261
Short-tailed Antthrush, 262

Short-tailed Hawk, 86
Short-tailed Nighthawk, 131
Sicalis flaveola, 224
Sick's Swift, 259
Silver-beaked Tanager, 219
Sirystes, 194
Sirystes sibilator, 194
Sittasomus griseicapillus, 166
Slaty Thrush, 212
Slaty-breasted Wood-Rail, 93
Small-billed Elaenia, 178
Small-billed Tinamou, 55
Smooth-billed Ani, 122
Snail Kite, 81
Snowy Egret, 69
Social Flycatcher, 190
Socó-boi, 18, 19, 20, 65
Socó-boi-baio, 257
Socó-boi-escuro, 252
Socó-dorminhoco, 18, 19, 66
Socoí, 252
Socozinho, 18, 19, 20, 66
Soldadinho, 263
Solitary Black Cacique, 256
Solitary Sandpiper, 102
Solitary Tinamou, 251
Sooty Swift, 259
Sooty Tyrannulet, 262
Sooty-fronted Spinetail, 170
South American Snipe, 101
Southern Antpipit, 261
Southern Beardless Tyrannulet, 180
Southern Bristle-Tyrant, 262
Southern Caracara, 87
Southern House Wren, 209
Southern Lapwing, 98
Southern Pochard, 251
Southern Rough-winged Swallow, 208
Southern Screamer, 251
Southern Scrub-Flycatcher, 255
Sovi, 26, 81
Spectacled Tyrant, 262
Spix's Spinetail, 261
Spizaetus melanoleucus, 258
Spizaetus ornatus, 258
Spizaetus tyrannus, 252
Sporophila angolensis, 48, 228
Sporophila bouvreuil, 48, 228
Sporophila caerulescens, 48, 227
Sporophila cinnamomea, 264
Sporophila collaris, 48, 226
Sporophila hypoxantha, 264
Sporophila leucoptera, 48, 227
Sporophila lineola, 48, 226
Sporophila maximiliani, 256

Índice remissivo de espécies e famílias

Sporophila melanogaster, 264
Sporophila minuta, 264
Sporophila plumbea, 256
Spot-backed Antshrike, 159
Spot-backed Puffbird, 253
Spot-billed Toucanet, 254
Spot-breasted Antvireo, 260
Spot-flanked Gallinule, 258
Spotted Nothura, 56
Spotted Rail, 252
Spot-winged Wood-Quail, 251
Squirrel Cuckoo, 121
Stelgidopteryx ruficollis, 44, 208
Stephanoxis lalandi, 259
Sternidae, 28, 105-106
Sternula superciliaris, 29, 105
Streaked Flycatcher, 191
Streaked Xenops, 261
Streamer-tailed Tyrant, 187
Streptoprocne zonaris, 135
Striated Heron, 65
Strigidae, 24, 126-129, 253, 259
Striped Cuckoo, 123
Striped Owl, 129
Strix hylophila, 259
Sturnella superciliaris, 50, 240
Stygian Owl, 253
Sublegatus modestus, 255
Suindara, 24, 125
Suiriri, 193
Suiriri Flycatcher, 255
Suiriri suiriri, 255
Suiriri-cavaleiro, 189
Suiriri-cinzento, 255
Suiriri-de-garganta-branca, 255
Suiriri-pequeno, 42, 186
Sungrebe, 96
Surucua Trogon, 142
Surucuá-de-barriga-amarela, 143
Surucuá-variado, 142
Swainson's Flycatcher, 195
Swainson's Hawk, 252
Swallow Tanager, 221
Swallow-tailed Hummingbird, 138
Swallow-tailed Kite, 79
Swallow-tailed Manakin, 255
Synallaxis albescens, 254
Synallaxis cinerascens, 261
Synallaxis frontalis, 170
Synallaxis hypospodia, 254
Synallaxis ruficapilla, 170
Synallaxis spixi, 261
Syndactyla dimidiata, 261
Syrigma sibilatrix, 19, 68

T
Tachã, 251
Tachornis squamata, 13, 136
Tachuri-campainha, 261
Tachybaptus dominicus, 251
Tachycineta albiventer, 43, 205
Tachycineta leucorrhoa, 44, 206
Tachyphonus coronatus, 256
Tachyphonus rufus, 256
Talha-mar, 28, 29, 30, 107
Tangará, 255
Tangara cayana, 46, 220
Tangara seledon, 264
Tangarazinho, 262
Tapaculo-de-colarinho, 254
Tapera naevia, 123
Taperuçu-de-coleira-branca, 135
Taperuçu-preto, 259
Taperuçu-velho, 259
Tapicuru-de-cara-pelada, 71
Taraba major, 160
Tataupa Tinamou, 55
Tawny-bellied Screech-Owl, 253
Tawny-bellied Seedeater, 264
Tawny-browed Owl, 127
Tawny-crowned Pygmy-Tyrant, 182
Tawny-headed Swallow, 255
Tecelão, 51, 234
Tersina viridis, 46, 221
Tesoura-do-brejo, 187
Tesourinha, 13, 136, 194
Thalurania glaucopis, 34, 140
Thamnophilidae, 159-164, 254, 260
Thamnophilus caerulescens, 161
Thamnophilus doliatus, 160
Thamnophilus pelzelni, 260
Thamnophilus punctatus, 254
Thamnophilus ruficapillus, 161
Thamnophilus torquatus, 254
Theristicus caudatus, 71
Thlypopsis sordida, 46, 218
Thraupidae, 45, 217-222, 256, 264
Thraupis palmarum, 46, 220
Thraupis sayaca, 45, 219
Three-striped Flycatcher, 191
Three-toed Jacamar, 260
Threskiornithidae, 20, 70-72, 252
Thrush-like Wren, 210
Thryothorus leucotis, 210
Tico-tico, 221
Tico-tico-de-bico-amarelo, 229
Tico-tico-de-bico-preto, 256
Tico-tico-do-banhado, 264
Tico-tico-do-campo, 224
Tico-tico-rei, 229

279

Tiê-de-topete, 264
Tiê-do-mato-grosso, 264
Tiê-preto, 256
Tietinga, 46, 217
Tigrisoma fasciatum, 252
Tigrisoma lineatum, 18, 65
Tinamidae, 54-56, 251
Tinamus solitarius, 251
Tiriba-de-testa-vermelha, 33, 117
Tiririzinho-do-mato, 261
Tityra cayana, 200
Tityra inquisitor, 199
Tityridae, 199-201, 255, 263
Tiziu, 225
Toco Toucan, 151
Todirostrum cinereum, 176
Tolmomyias sulphurescens, 183
Tororó, 261
Tovaca-campainha, 260
Trichothraupis melanops, 264
Tricolino, 181
Tricolino-pardo, 262
Trinca-ferro-verdadeiro, 231
Tringa flavipes, 102
Tringa melanoleuca, 253
Tringa solitária, 102
Trinta-réis-anão, 29, 105
Trinta-réis-grande, 29, 30, 106
Triste-pia, 265
Trochilidae, 33, 137-141, 253, 259
Troglodytes musculus, 209
Troglodytidae, 209-210
Trogon rufus, 143
Trogon surrucura, 142
Trogonidae, 142-143
Tropical Kingbird, 193
Tropical Parula, 232
Tropical Pewee, 255
Tropical Screech Owl, 126
Tucano-de-bico-verde, 254
Tucano-toco, 151
Tucanuçu, 37, 38, 151
Tucão, 262
Tufted Antshrike, 260
Tuim, 32, 33, 118
Tuiuiú, 21, 22, 74
Tuju, 131
Tuque, 179
Turdidae, 212-214, 263
Turdus albicollis, 263
Turdus amaurochalinus, 214
Turdus leucomelas, 213
Turdus rufiventris, 213
Turdus subalaris, 212
Turkey Vulture, 75

Tyrannidae, 41, 174-196, 255, 261
Tyrannus albogularis, 255
Tyrannus melancholicus, 193
Tyrannus savana, 194
Tyto alba, 24, 125
Tytonidae, 24, 125

U
Udu-de-coroa-azul, 147
Uí-pi, 254
Uirapuru-laranja, 198
Ultramarine Grosbeak, 256
Undulated Tinamou, 54
Unicolored Blackbird, 237
Uru, 251
Urubu-de-cabeça-amarela, 23, 24, 76
Urubu-de-cabeça-preta, 22, 24, 76
Urubu-de-cabeça-vermelha, 23, 24, 75
Urubu-rei, 23, 24, 77
Urutau, 130

V
Vanellus cayanus, 252
Vanellus chilensis, 98
Variable Antshrike, 161
Variegated Flycatcher, 192
Velvety Black-Tyrant, 262
Veniliornis passerinus, 39, 155
Veniliornis spilogaster, 260
Verão, 185
Verdinho-coroado, 263
Vermilion Flycatcher, 185
Versicolored Emerald, 253
Vinaceous Parrot, 258
Violaceous Euphonia, 242
Violaceous Quail-Dove, 258
Violet-capped Woodnymph, 140
Vira-bosta, 50, 51, 240
Vira-bosta-picumã, 50, 51, 239
Vira-folha, 261
Vireo olivaceus, 203
Vireonidae, 202-203, 263
Viuvinha, 188
Viuvinha-de-óculos, 262
Volatinia jacarina, 225
Vultur gryphus, 257

W
Wattled Jacana, 104
Wedge-tailed Grass-finch, 225
Whistling Heron, 68
White Woodpecker, 154
White-backed Stilt, 100
White-banded Mockingbird, 263
White-banded Tanager, 256

Índice remissivo de espécies e famílias

White-barred Piculet, 153
White-bearded Manakin, 255
White-bellied Seedeater, 227
White-browed Blackbird, 240
White-browed Warbler, 265
White-browed Woodpecker, 260
White-collared Swift, 135
White-crested Tyrannulet, 180
White-eared Puffbird, 150
White-eyed Foliage-gleaner, 172
White-eyed Parakeet, 116
White-faced Ibis, 252
White-faced Whistling-Duck, 58
White-headed Marsh-Tyrant, 188
White-lined Tanager, 256
White-necked Robin, 263
White-rumped Monjita, 186
White-rumped Sandpiper, 103
White-rumped Swallow, 204
White-rumped Tanager, 256
White-shouldered Fire-eye, 164
White-spotted Woodpecker, 260
White-tailed Goldenthroat, 141
White-tailed Hawk, 257
White-tailed Kite, 80
White-thighed Swallow, 263
White-throated Kingbird, 255
White-throated Spadebill, 255
White-throated Woodcreeper, 167
White-tipped Dove, 112
White-wedged Piculet, 154
White-winged Becard, 200
White-winged Swallow, 205
Wing-barred Piprites, 262

Wood Stork, 74

X
Xenops minutus, 261
Xenops rutilans, 261
Xexéu, 256
Xiphocolaptes albicollis, 167
Xiphorhynchus fuscus, 261
Xolmis cinereus, 255
Xolmis dominicanus, 262
Xolmis velatus, 186

Y
Yellow Tyrannulet, 181
Yellow-bellied Elaenia, 177
Yellow-billed Cardinal, 230
Yellow-billed Cuckoo, 120
Yellow-billed Tern, 105
Yellow-breasted Crake, 252
Yellow-browed Tyrant, 186
Yellow-chevroned Parakeet, 118
Yellow-chinned Spinetail, 171
Yellow-fronted Woodpecker, 155
Yellow-headed Caracara, 88
Yellowish Pipit, 216
Yellow-olive Flycatcher, 183
Yellow-rumped Cacique, 256
Yellow-rumped Marshbird, 238
Yellow-winged Blackbird, 265

Z
Zenaida auriculata, 31, 112
Zone-tailed Hawk, 258
Zonotrichia capensis, 223